生活在裂隙

有关「人性、欲望、痛苦与智慧」

立雯 / 著

山东友谊出版社 · 济南
Shandong Friendship Publishing House

图书在版编目（CIP）数据

生活在裂隙：有关"人性、欲望、痛苦与智慧" /
立雯著． -- 济南：山东友谊出版社，2021.2 重印
ISBN 978-7-5516-2241-7

Ⅰ．①生… Ⅱ．①立… Ⅲ．①人生哲学—通俗读物
Ⅳ．① B821-49

中国版本图书馆 CIP 数据核字（2020）第 232085 号

生活在裂隙：有关"人性、欲望、痛苦与智慧"

SHENGHUO ZAI LIEXI: YOUGUAN RENXING YUWANG TONGKU YU ZHIHUI

责任编辑：肖静
装帧设计：卓义云天

主管单位：山东出版传媒股份有限公司
出版发行：山东友谊出版社
　　　　　地址：济南市英雄山路 189 号　邮政编码：250002
　　　　　电话：出版管理部（0531）82098756
　　　　　　　　市场营销部（0531）82098035（传真）
　　　　　网址：www.sdyouyi.com.cn
印　　刷：济南鲁艺彩印有限公司

开本：889mm×1194mm　1/32
印张：8.25　　　　　　　字数：170 千字
版次：2020 年 12 月第 1 版 印次：2021 年 2 月第 2 次印刷
定价：52.00 元

自序

2020 年实在不是个好年，从年初到年尾，我也接连在上海与波士顿经历了疫情的爆发、转折与防疫常态化，心情与心态也常随泱泱大势起落无定。人在面对动荡时能保持平稳的心境实属不易。而对这本大部分内容写于三年以前的书的整理出版，也再次提醒着我，人保持反省有多重要——它能让你剥离掉宏观情绪，观望微小的自己的异动与极端，认清自我的盲点，收缩个人的自我。

这本书中有很多现象分析，虽写于几年前，却在今年这场疫情下得到了强化的佐证，比如，《人性比你想的复杂》《遗忘的时代》《舆论的乌合》《偶像崇拜都是造神运动》《加速时代的异化》《人与人之间充满误解》《幸福与贫富》等。

书中也有很多观点认为，在全球疫情加剧、乱象丛生的情况下，修炼一个人的心性尤为重要，比如，《如何成为智慧之人》《逆来顺受的智慧》《当下的力量与幸福感》《苦难的底色》《放下方得解脱》……

当然，书里还有不少观点，尤其是讨论中西差异的，成型于七八年前，会显出青涩不足，却也代表着人年轻时易浮于表面的观察推论，所以，这些全都保留，不做修改，也愿意接受批评指正。书里一些篇章此前已见诸网络，在这大半年里，常会收到读者来信跟我分享他们的阅后感。

他们中有北漂受挫三十未立的男孩，有意外流产住院的女孩，有大学刚毕业对未来甚感迷茫的学生，有因疫情在海外滞留无助的年轻人，有四十更惑、负重前行的中年人……他们告诉我，他们在我的文字里找到了共鸣、获得了启发，内心重获平静闲适……我也感恩于他们对我的倾诉。其实，这些文字不过是路标，每个人读到的意味、通往的方向都在他们心底沉潜着，阅读不过是一个契机，让人读到了潜藏在自己内心的信号。而作为写作者，能记录下自己从青涩到成熟的思考，分享出去，给他人传递一些正面和理性的力量，便是莫大的欣慰。

写书之事，有些作者可以在文字里发泄情绪、流淌意识，但对我来说，更重要的是梳理出一种合理、自洽、清晰的生存逻辑。理性很难，这大半年我深刻意识到，人的常态——或者说占据人大部分时间的存在状态——是非理性与情绪化的，这种状态既不健康，更不舒怡。

对我而言，生活之理性便是要去找到指引自己人生方向的一以贯之的逻辑与准则，而这个方向的终途便是一种宁静、和谐、应合自我的人生。这本书便是我在开启这场"寻找"

后的点点滴滴的记录。很多人在人生的某个节点都会自问——人生的意义是什么呢?

　　如果是两三年前,我大概要谈谈存在先于本质,人是目的、而非手段……也大概会陷于虚无主义的自问里……书里其实也有不少相关论述。经历过疫情洗礼后,我反而更深刻意识到,家人才是我唯一牵挂的人生重心,而那些我曾不屑的家长里短、琐碎日常方才是人活一辈子的主轴。

　　人的注意力往往不会放置在顺意的生活日常,却会沉浸于那些得不到、不顺心的幽怨伤情里,这无疑放大了人存在的"痛感",让人感觉处处皆"裂隙",无处是心安。其实,引用莱奥纳德·科恩的句子,"万物皆有裂隙,那是光照进来的地方"。人一路所遇裂隙亦能是滋养,只要你有足够的弹性与敏慧,只要你愿反思修行。这本书呈现出了我曾经历的于裂隙中的思考,希望能对你有所启发。

　　最后,用书里的一句话结语祝福:我们来过,看过,爱过,经历过,思考过,创造过,一生足矣。愿所有人,每一个人,健康、平安。

立雯

于上海

2020 年 11 月

第一辑 智慧能使人站到生命之上
"生命在则欲望不止，欲望不止则痛苦不息。"

第二辑 液态时代一切的坚固都在消散

"我们这个时代不缺崇拜与荷尔蒙，缺的是冷静的注视与理性。"

第三辑 圆润人际须照见自我与他人

"共情能成为连接你与另一个生命的桥。"

第四辑 一切美好的关系都须立足友情

"爱情可以成为婚姻的起点，却不足以成为婚姻的支点。"

第五辑　你所见的中美差异也许只浮于表面

"人性是超国界的，差异的只有程度。"

第六辑　阅读是每个人纯粹的精神陪伴

"周国平说过，读那些永恒的书，做一个纯粹的人。"

第七辑 走过一些城，留住一些剪影

"还是要多旅行，为了看到另一个角度的生命。"

第八辑 生活的乐趣在于人的意外

"人都是'两栖'动物，表面内敛的人往往有最狂野的内心。"

智慧能使人站到生命之上

1

第一辑

"生命在则欲望不止，欲望不止则痛苦不息。"

人性比你想的复杂

世间最复杂的，莫过于人性。

毛姆说："卑鄙与伟大，恶毒与善良，仇恨与热爱是可以互不排斥地并存在同一颗心里的。"所以，人性经不起判断，它的灵活多变让每个人既是天使，亦是撒旦。

某种意义上说，我对大众媒介最抵触的，莫过于它对人性的简化。因为介质的有限性，无论是电影、电视、纸媒……都承托不了人性的复杂。

新媒体的快速流转更是加快了我们对他人的粗暴概括。历史人物都会被后人盖棺定论，"定论"之后，真相便不再重要——这实在是后人对前人最大的残忍。世人眼光永远只停留在行为的结果，却无人追溯行为的理由。

在我看来，人的某些行为具有偶然性，用必然去覆盖偶然，难免过于绝对。

我们幼年所阅历过的大量文本都充斥着这种简化的绝对，等我们踏入社会后，依然沿用这种思维的惯性去判定人，辨别敌友。简化是为了站队，复杂方能包容。

个人与群体彼此包容的起点在于——对人性复杂的懂得。

所以，我会时常提醒自己，去理解人性，不要急于判断人性。

人的动物性与植物性

记得木心曾说过，政治是动物性的，艺术是植物性的。

我觉得很多事物都可以这样二分，比如——商业是动物性的，文学是植物性的；军事是动物性的，科学是植物性的……甚至，人也可以分成这两种。更动物性的人有极强的世俗欲望，精力旺盛，目标导向性强，精通权术，胆大冒险，野心勃勃，甚至藐视规则、伦理与道德。

2006 年，两位美国心理学家发现，在他们的研究中，企业高管精神状况失常的比例要比普通人群高。

这个结论一点也不意外，商业本就是丛林环境，符合社会达尔文主义，往往是那些欲望与权谋更强、有胆量挑战规则甚至道德的人爬得更高。也正是基于对"人性本恶"的认识，西方政治体系充满对政客的各种制约。

《历史的教训》一书里就写道："社会的基础，不在于人的理想，而在于人性，人性的构成可以改写国家的构成。"

我们小时候所受的教育总给人一种错觉，似乎一个人世俗成就越大，品行道德越完美。事实并非总是如此，有时甚至是反面。

正如尼采所述："人和树一样，他愈求升到高处和光明，他的根就愈往下扎，向黑暗，向深处，——向罪恶。"所以，世人对位高权重的人其实应更多审视，而非盲目崇拜。

更植物性的人包括哲学家、作家、艺术家。这个群体与动物性的人不同，他们与群体保持距离、冷眼旁观，他们往往会有更高层面精神上的追求（虽然世俗欲望也存在于他们内心），且可以通过自身才华来纾解欲望。精神追求至极，必然要和世俗物质发生冲突。这就如同僧人必须要出家，了断尘缘，才能一心钻研佛法。

历史上很多不朽的哲学家、画家，要么孤立遗世，要么生活潦倒——主动或被动之下。他们在自己身上"克服他的时代"。

大多数人最初会在动物性与植物性之间徘徊。随着人生的丰富与选择的递进，一个人的人格渐渐出现明确的偏向。这往往是天性使然，不过在后天得到了确认。

　　一个时代下，最凤毛麟角、受世人瞩目的还是那些在动物性领域获得大成，进而又衍生出植物品性的人，比方说一些成功的华尔街金融家，他们通过对人性与商业的洞察，发展出一套独特的哲学理论，卡尔·伊坎、瑞·达利欧都归属此类。

　　对这些人而言，动物性似乎成了通往植物性的手段，但因为有了动物性的强化体验，他们的植物性呈现——对同代人而言——总是看似更刚毅、更可信。

如何成为智慧之人

首先要明确的是，智慧不等于知识和博学。

博学之人擅长引经据典，但引述的只是他人的思考，并不代表自己原生的见解。博学的人很少，智慧之人更是万里挑一。

智慧的起点是对人生根底的困惑，这往往始发于一些觉醒。比如，你发现无论你取得多少成绩、获得多少财富，这些都不能带来持久的快乐；比如，你遭遇了一些重大挫难，尤其是亲人离世，你开始质疑人活着的终极意义。寻找智慧的过程因人而异，理性之人偏于哲学，感性之人偏向宗教。前者靠逻辑说理，后者用故事慰藉。当然，无论哲学还是宗教，都只能提供佐料，酝酿智慧的素材还得来自个人的人生经历。

智慧的生发与内化都需要建立在对自己、对他人的时时内省与观察之上。所以，苏格拉底会说，"未经省察的人生没有价值"。智慧的浅层表征是能预见当下现象、即时结果之后更长远的稳固作用。

凡人行事多基于条件反射——遇事、冲动、作出反应，不预想后果。有智慧之人在遇事后，会重复设想未来的长远影响，纠正本能冲动，再据此行事。

举个例子，普通人的视界会局限在获得物质的一刹那欢愉，而智慧之人则会看到物质到头来都不会对人的幸福有任何影响，反而随着财物堆积，会给人带来不可避免的操劳。用智慧指导行为，往往意味着对本能的克服。有智慧之识，但无法在行为上依守智识的人，是不能称其为智慧的。毕竟，行为比思考更难，行为需要克服人不自觉的动物本性，思考则可以在不受本性干扰下稳步进行。因此，看一个人的真实面貌，看他所行比所言更直接有效。

智慧往深里去，就是对人生本质的看透与对自我价值的重新建定。因此，智慧的觉醒往往意味着一丝理性的绝望。

所以，新构建的价值体系反给人带来一种稳定与使命感。这就如同当你理解了黑暗才是夜晚更明确的存在，你才真正意识到了星星的光亮。

    智慧之人毫无例外是忧郁的，他们对痛楚的敏感，以及精神上的敏锐，都要比常人凸显。智慧之人也毫无例外是不热衷于社交的。叔本华说过，"一个人具备了卓越的精神思想就会造成他不喜与人交往"。对他们而言，世间没有任何事物比得上静处独思的自得更宝贵。

无用之学之有用

人为什么要读哲学?

抽象地说,读哲学是为了让人更好地认识世界、认识人、认识自己;功利地说,哲学看似无用,其实到了人生一定阶段与高度,哲学会变得很有用。

首先,我们读的大量古典社科理论,都是在简化"人"本身的基础上建构的,无论是经济学、金融学,还是社会学、政治学。以经济学与金融学为例,各种模型全是基于理性人、有效市场的假设。虽然理论的魅力体现在于复杂万象中找到简单可预测的规律,但因为对"人"这个变量的极大简化,让这些理论离现实很远。人本身的复杂能让一切社会理论都松动,让一切社会现象都难以预测,这也就是为什么后来行为经济学、行为金融学受到更多追捧。当把心理学加入经济学与金融学之后,理论与实际的距离似乎被缩短了。

　　但这其实还不够，只有对人性纵向解剖才能让人看到变化中的不变——这便是哲学所能赋予的力量。

　　我有几年从事行业研究，我发现，无论你对公司基本面分析得多么逻辑通顺、数据合理、信息可信，最后股价的浮动、市场的起落在一定时间内还是很难被预测，因为有太多变量不在你的视野里，比如人群对业绩与预期落差的解读、CEO某句不经意的评论、媒体报道的侧重、行业上下游的情况、同类公司的动向……不过，市场对这些信息的解读常会出现一边倒的趋势，即便信息本身是中立的，你能感觉到，人心是有趋同性的。

　　我后来发现，投资也好，商业也好，很成功的人很多都成了某种意义上的"哲学家"。这些人对人性、认知、群体、历史、宏观的解读有着异于常人的通彻。以索罗斯为例，他一直都想当哲学家。他受哲学导师卡尔·波普尔影响而发表了反身性（reflexivity）理论。

　　索罗斯不认为市场是均衡的，价格只是基本面的被动反应；相反，市场是动态的，价格会重构基本面，从而改变市场预期，预期又反过来进一步影响价格，两者彼此印证强化，直到催生出市场的泡沫或崩盘。也就是说，人心与市场——或者说认知与现实——两者是互相影响与加强的，并非独立存在。

如同你看今天市场对独角兽公司的估值与融资，其实也是反身性理论的体现。硅谷的彼得·蒂尔、里德·霍夫曼，华尔街的卡尔·伊坎、瑞·达利欧都是要么学哲学出身，要么在投资生涯里逐渐变成了哲学家。

同时，不光投资，市场公关、营销销售、领导管理，其实都是人心与人性的博弈。美国商业畅销书作家塞斯·高汀就曾写过："一些人总以为市场营销就是打广告卖低价。事实并非如此！市场营销关乎的是人性与承诺，是当我们照镜子时所能照见的那个'人'。"对了，塞斯·高汀也是学哲学出身。哲学对人智性的改造是由根底开始的，它给人以高度、理性与视野。

当人对自己与同类缺乏认识时，人是无法超越自己的，只有当我们看见自己，才能创造出一个比我们更高的自己。

哲学的魅力就在于让你站到自己的生命之上。

"逆来顺受"的智慧

过去几年，生活看似平常，我的心绪却常因遭遇起伏不定。

遭遇本身实在不值一提，它是每个人生活的构成，尤其当你回头看，人事远去，不再心有余波，留下的都是经历与反省。事实上，智慧便是从种种遭遇中提炼总结得到的，遭遇是人活一世修行的必须。

有一段时间，我开始阅读禅宗佛经，周末去坐禅，与禅师对话。我渴望一种即刻奏效的方式让自己对抗不顺，不过这种拔苗助长的心态并不对，所有智慧都有其内化的缓慢规律。宗教的很多仪式（诵经、坐禅、行禅）提供了一种"沉浸式的逃遁"，但对于渴望理性智慧的我来说，它欠缺了一些思辨的刚性。

不过，禅宗还是给了我三点智慧——

第一，请接受当下的一切。人在遭遇挫难时，内心会不由自主地抗拒，这种不自觉的抗拒只会加剧痛感。本质上，困境之所以让人痛是因为它打破了你的安全感。

如果你不敢接受这种不确定性，就会整日害怕担忧。而当你让自己全然接受所有不确定，那一刻，你便会获得心灵上的纾解，你才会走出情绪漩涡，转向行动面对。

我曾参加过一个 Zen Center 的坐禅，每次都得从跪拜佛像的仪式开始。前几次去的时候，我并不能理解，因为禅宗认为佛只存在于每个人内心，为什么要拜一尊身外之佛？有次我去问了禅师这个问题，他告诉我，虔拜（bowing）是为了让你谨记时时刻刻要谦卑，让你降服于（surrender to）当下的一切。只有回归谦卑与宁和，才能冷静面对外界与处事。

第二，行胜于言，思虑万千，不如动手干活。禅宗并不强调思维上的修炼，甚至认为禅道是无法通过语言来表达的。不过，话说回来，所有思想与智慧落到词句之间，必有磨损，无论是用何种语言。所以，禅宗更讲究一种"专注于行"的智慧。

吃饭一心吃，洗碗凝神洗。当人专注于做手上的事，不被纷乱的思绪绑架时，即是"活在当下"的禅道。有一次，禅师打了一个比喻，射手的箭筒里不该有两支箭，不然当你射第一支箭时，你的心会落在第二支上。每一支箭都应该是最后一支，每一秒都是最后一秒。这就是专注当下的智慧。遭遇困难时，不要沉迷痛感，不要过度思虑，专注做事——日常家务、工作琐事、写作阅读等——才是缓解痛苦的有效方式。

第三，懂得经历本身并无绝对好坏，祸兮福所倚，福兮祸所伏。在遭遇不顺时，你不妨换个角度想想，眼下困境是否会迫使你做一些之前没动力做的事，甚至迫使你彻底转换方向。人在顺意时往往是麻木行进的，缺乏改变航道的能动。

危机是最大的催化剂，它逼迫人克服惰性，赋予人坚毅勇气。人在绝境下往往会绽放出自己都未曾想象过的光芒——这可能是人的生命力最迷人之处。

古罗马哲学家塔西佗（Tacitus）曾说过："人对安全感的渴求会阻碍人创造一切伟大而高贵的事业。"当你接受了绝境招致的所有不确定性，你便获得了更多生机、敏锐与创造力。

当下的力量与幸福感

去年冬天我读了一本书《当下的力量》（The Power of Now），这是我近几年来读到的一本治愈又逻辑严缜的书。读完我便立刻又买了几本，送给几位好友。我倒一直没去问他们阅读心得，毕竟这算是我一厢情愿的分享，不一定合他们的味。

这本书对很多人来说可能抽象晦涩了些，作者用问答思辨的方式解释了一件事：我们的痛苦无一不来自于脑中纷乱的思绪，而我们的思绪（mind），或者说执念，无时无刻不在被我们的自我（ego）所控。只有当我们撤除自我（ego）控制下的思绪，全身心关注当下，才能获得充盈的安宁与平和。

这本书无论是从逻辑上还是从实践操作上都很明晰。我曾思考过一个问题，我们的脑子时时刻刻都在牵挂着过去和将来的事，那当下算什么？

这本书给了很好的回答——正是因为我们忽略了当下的存在，我们才心绪不宁。

那么，什么是自我？按照这本书的说法，"自我"并非本真的自我，而是过去的经历、家庭的遭遇及社会大环境所共同塑造的一个充满偏见与欲念的"假我"。这个"假我"牵制着我们不断陷入对过去的"过分"解读和对未来的"过度"想象，从而造成了我们的担忧与痛苦。

如何解除自我的纠缠呢？很简单，就是意识到并观望执念的存在。当你陷入痛苦、焦虑、愤怒或其他负面情绪无法自拔时，你只需提醒自己抽身"观望"这些执念，不要做判断，因为判断就是自我这个"假我"的回归，你只消静静"旁观"，便能升到自我之上。

作者谈到，执念存在的土壤便是对"时间"的错觉。而事实上，只有当下是真实存在的，过去与未来都是执念的投射、诠释与想象。"当下"是不需要时间轴来承托的，它真实存在于你此刻生命舒卷的空间里。当你专注当下时，你是会忘记时间的存在的，也只有此时，你才真正连接到了生命的本源存在。

这本书引用了东西方不少宗教典籍的内容，无论是佛教还是基督教，都有指向"当下"的智慧。

联系我最近读的一些西方哲学的东西，我不得不感慨，智慧到最后都必然是要超越国界、连通个体的。

比如，卢梭在《一个孤独的散步者的梦》里就有关于"当下"的描述："如果世间真有这么一种状态：心灵十分充实和宁静，既不怀恋过去也不奢望将来，放任光阴的流逝而紧紧掌握现在……只要这种状态继续存在，处于这种状态的人就可以说自己得到了幸福……"

再比如匈牙利裔心理学家米哈里·契克森米哈赖所提出的"心流"理论，本质上也是当下的智慧。当人全身心专注于手中工作时，他们便会忘记时空的存在，完全融入工作本身，这便会给他们带来一种饱和的幸福感。

如今在一些国家越来越流行的冥想，也是在帮助人回到当下、专注于此刻，因为在这个时代我们的脑子已被过载的信息、过强的欲念绑架了。人持久的幸福是要建筑在每一刻"当下"之上的，它跟情绪的波动无关，跟经历的起落无关，跟转瞬的快乐或忧苦无关，那些都是"自我"的养料罢了。

真正的幸福是一种平稳的忘我的存在，它是中性的，它彻底融进了此刻，成了"当下"的一部分。

欲望的万有引力

有天几个同事去喝酒，在酒店顶楼，我们看着傍晚的夕阳渐隐，城市的天际线渐亮。看着宽阔的夜空，喝得微醺，同事们打开了话匣子，谈起了自己与生活。我静静听他们讲述人生的遭遇，联想起自己生活里的沉郁，又泛想起曾遇到过的人们与他们彼时的痛苦……

那一刻，我突然体悟到了人之一致性，即——

无论处在哪个阶段、占有多少财富、位于哪个阶层、来自何种背景、经受着何种遭遇，人所面对的痛苦本质都相同，都是围绕欲望之未达——事成之未达、爱人之未达、名利之未达……

虽然每个人的命运不尽相同，但每个人在各自的命运中却有着本色一致的所欲和所求。

欲望是不会消停的，它只会在达成时获得短暂的空白，而后又会牵连上新的欲望，绵延不绝，牵引着人如动物般捕食猎物、填补欲壑。

生命在则欲望不止，欲望不止则痛苦不息。

当我回顾自身过往，发现无论爬坡至哪处，总有那处的欲望和与之纠缠的苦楚，每一处都似乎是新的风景，而新的风景都暗藏险境，险境至深处都是如出一辙的欲望——无非名利与人际。这些纠葛并不会随着人生的递进而消失，也许真的要到生命尽头，当人的皮囊无法再支撑起欲望时，人才能接近所谓的"无欲则刚"吧。最近在读卢梭的《忏悔录》，读了不到一半读不下去了，一方面我感怀于如此赤诚之人，把自己的私欲私利都暴露了出来；另一方面，我发现他这一生的各种遭遇只是表象上的繁忙，本质都是欲望的重复，而我对人世描摹无感，总希望能追溯到更本源的东西。

我想，本质上，所有物质与精神的追求都源于欲望。物质追求好理解，它是欲望之皮毛立体的呈现，而精神的追求其实也脱离不开欲望的俘虏——当人不想直面欲望的摆布时，便努力爬到欲望之上，进行高级的精神转化。

举个例子，表面上看，哲学家在用理性解剖世界和人，信教者在用故事传递信仰于人，艺术家、作家在用感性塑造着美，但这些创造背后其实都是创造者自身欲望的浮影。所以说，谁也逃不开欲望的"万有引力"。

萧沆曾言："我们的每一个欲望都在重新创造世界，而我们的每一个思想都在毁灭它。"我同意前半句，但不同意后半句，在我看来，人的思想仍旧是欲望的"冷萃"表征。所以，毛姆会说："智慧是一件灵活多样的武器，人除了这件武器之外，便不再有其他武装，而智慧对付本能并没什么功效。"

那人该用何种姿态去抵抗欲望呢？我想，人的道德信仰，加上人的创造行为本身，也许有助于转移欲望。不过，可能也正是由于欲望的受挫与不得不的行为转移，才创造出了人类历史上这么多人文和艺术的瑰宝吧。因为欲望，尼采能在贫困潦倒、身体衰竭时创造出充满力量的强力意志与酒神精神的哲学；因为欲望，梵高能在备受人生挫难、精神折磨时创造出那么多流动着饱满的色彩与生命力的画作。我们看他们的作品，总能感动于一种无处不在的生命力的涌动，而这背后都是丰满的欲望。

但，我们不是要去感谢欲望，而是要感谢人类具有超越动物的对抗欲望之苦的创造力。

快乐的本质

　　1776 年，《独立宣言》被批准，该宣言慷慨激昂，奋发向上——"人人生而平等，造物主赋予他们无可剥夺的权利，其中三项为生命，自由，与追求快乐的权利。"将追求快乐与生命、自由并列，恰恰说明"快乐"并非常态，来之不易，所以才要不断"追求"。

　　根据《经济学与生活》书中所述，1975 年到 1995 年间，美国人均收入增长了近 40%，可是，美国人却并未比从前快乐。中国呢？最近十年，GDP 突飞，物质生活猛进，可是，人人都比从前快乐吗？早在 1974 年，美国经济学家理查德·伊斯特林就发现了这个现象，即人们的快乐度并不跟收入正相关，今天，人们把这种经济现象定义为"伊斯特林悖论"。根据伊斯特林及其他研究者的发现，在欠发达国家，人们的生活满足感确实可以随着收入的上升而增加，但是，一旦收入到达了一条基准线（根据 2018 年 2 月美国普渡大学和弗吉尼亚大学的研究，这条全球基准线是 $95,000 美元的年收入），这种正相关就不存在了。

其实，不用繁杂的定量研究，我们也可以推导出这个结论。首先，人是生活在群体中而并非孤立存在的。人总会有意无意将自己与周围人比较。在任何环境中，自我感觉的个体的优与差都取决于你相对于别人的位置，同类比较总会给人带来不断的压力。这就是为什么无论你取得多少成绩和财富，你感受到的快乐总是稍纵即逝，因为你的比较级也在随着周围环境的提高而提升。

第二个原因，在丹·艾瑞里的《非理性的积极力量》里有细致描述，即因为人有适应性。伴随时间流逝，人终归会适应一切状况，也终归会对已经拥有的漠视不见。无论是快乐还是痛苦，人的适应性都极强。在时间这条轴上，所有偏离正轨的心理和情绪最终都会被拉回平衡值，这点我们不需要怀疑。

第三，现代人越来越不快乐的原因，也在于资讯的发达。微信微博等媒体将成功人士的消息及时带入了平常百姓家，网络将他们的生活与名利都极度放大，使那些本来有小梦想的人有了更多"不切实际"的"大梦想"。有梦并非坏事，可一旦鸿鹄之志成了终身的纠结，快乐就很难被单纯激发，因为他们的"攀比层次"被这信息化社会拔苗助长了。

所以说，无论你身处何种地位，其实幸福快乐都不易。

叔本华说："各人拥有的不同地位和财富赋予了各人不同的角色，但各人的内在幸福并不会因外在角色的不同而产生对应的区别。"换句话说，人的幸福并不会随着自身财富地位的上升而获得提升。太多人执着于对身外之物的上下求索，以为那会成为快乐之源，而事实上，快乐真的与物质无关——在过了那条基准线之后。

亚里士多德曾说："理性的人寻求的不是快乐，而只是没有痛苦。"根据自己这些年的人生经历与体会，我越来越感悟到——快乐如气球，来去匆匆；痛苦反倒像铅球，繁华之下锚定着人生的基调。

所以，真正成熟理智之人，不应执拗于追求快乐，而是应守住自己平稳的内心，最后到达宠辱不惊、去留无意、云淡风轻之境。

苦难的底色

在波士顿飞往北京的航班上，我重新看了一遍《少年派的奇幻漂流》。这部电影太有张力，无论从哪个角度。其中有一幕特别打动我——在金色余晖下，海面如镜，倒映浮云。派、老虎、船，一起漂流在静寂的海面上。派写了封求救信装在罐子里，扔了出去，罐子却在他附近落下，停住了。背景音乐徐徐蔓延，一个空寂的女声在海天的辽阔中升起……

那一刻，生命的无助、无力都很明确，带着苍然。那一幕，让正在天空浮游的我产生了感同身受的共鸣，眼泪不可止地淌下。人之一生，正如派之于海上，那种未知与宿命并存的悲凉，让活着带有一种不自知的英雄主义。

派在回顾海上求生这一路时，说："如果没有老虎理查德·帕克，我肯定活不了。对它的恐惧让我保持警觉，把它喂饱则成了我每天生活的目标。"

这真是有关活着的最好注解。

人活着的基石正是苦难，而非快乐。人身心的构造，不会对顺意有所感知，却会敏感于一丁点的痛苦。苦难才让我们保持活着的警觉，而摆脱苦难——哪怕只是一瞬——才使我们有目标感。

七年前，我曾觉悟到，人生中的快乐都不过是稍纵即逝的片刻。七年后，我更确认了，人生的底色其实是苦涩，并且，这是普遍于所有人的定律。有了这样的清醒认知后，你会懂得，人生里的苦难都是值得被感谢的。正如老虎与派在海上的共生，没有困境的人生才是绝境，而苦难的敲打才不至于让生命陷入巨大的虚空。

放下方得解脱

去年底的一个周末的中午，我跟一个朋友长谈了三个小时。

在此之前，我对她的认识都是标签式的——典型的优秀职场女性；在此之后，我得以深入她沉敛面目之下曾经历过的痛苦。也许，每一张看似安稳的脸背后都是深渊。她告诉我，她女儿出生时就患有罕疾，一些器官发育不完善，视力又很弱，长期处于卧床治疗的状态……女儿出生，她痛不欲生，不知道怎样能救治这样一个无辜的小生命，也不知道该怎样面对女儿和她自己今后的人生，每天以泪洗面。

直到有一天，她读到一本书 Far From the Tree（《离树很远》），书名源自一句英文谚语—— Apple doesn't fall far from the tree（苹果落地，离树不远），大概的意思是"有其父必有其子"，而这本书则是对那些背离父母期待的、"离树很远"的孩子们及他们的父母的探访。

作者花了 10 年时间采访了 300 多个家庭，这些家庭里的孩子患有各种生理与心理疾病——失聪、侏儒症、唐氏综合征、自闭症、精神分裂……这些父母一开始都无法接受这样的孩子，但是在经历过痛苦的挣扎与转变后，他们更进一步了解了孩子与自己，也重新发现了为人父母的意义。

朋友说，看完这本书，有一天，她的思维突然转变了，她不再纠结于为什么她的女儿跟"正常"的小孩不一样。她说："女儿出生即如此，对她自己而言，她其实并不知道所谓的'正常'是什么，而我却一直在用我的'偏见'看待自己的女儿……当我彻底接受了她之为她，接受了她的病患，接受了她的所有，我突然就释然了。"

她这句话深深触动了我。

我昨天读到一个很感人的故事，是关于一对恩爱夫妻的。丈夫 6 年前患癌症去世了，在丈夫患病的每一天里，夫妻俩夜晚入睡时都会紧握着彼此的手，让戒指触碰在一起，两人重复着婚礼上的誓词"无论贫穷还是富有、疾病还是健康，相爱相敬，不离不弃，直到死亡把我们分离……"丈夫去世后，妻子因为对这段婚姻的誓守、对丈夫的怀念，一直不愿意摘掉手上的婚戒，无法展开新的生活。最后，她的心理医生和牧师决定给她举办一场特殊的仪式。

在当初两人举办婚礼的教堂，牧师邀请来她的家人朋友，他们中很多人都参加过他俩的婚礼。在众人面前，牧师带着她又把婚礼的誓词吟诵了一遍，不过这次是用"过去式"，表明她在那段婚姻中已恪守了自己的誓言……之后，牧师问她："现在，我能收回你的戒指吗？"她终于安心地摘下了戒指。

牧师把她的戒指和她去世的丈夫的戒指绑在一起，挂在他们结婚的照片前。那一刻，她终于释然了，她终于可以和过去了结，开始新的人生了。

正如朋友读到的书让她找到了内心转变的契机，这场特殊的仪式也让那位妻子接受了丈夫去世的现实。我们有痛苦往往是因为我们不愿意接受现状，我们心中总有个"常态"或者说"预期"浮在那里，一旦"常态""预期"被打破，我们就抵抗，我们就痛，我们就不知所措。而痛苦的消散都始于对现状的全盘接受。是的，你的孩子有疾患；是的，你的爱人离去了；是的，你失业了；是的，你创业失败了……

"不接受"表明你还在跟过去的遗留、牢固的执念搏斗，说明你还活在过去的延续中。只有"接受"，你才能真正跟过去挥手告别，才能迈出内心转变的那一步，走上新的征程。

大多数人是如何平庸化的

　　一个人对自我的准确定位及与他所事之业的匹配度，直接决定了这个人所能到达的高度。我相信每个人都天赋异禀，虽然社会偏向给某些才能以更多奖励，但并不能否认其他才能的存在及其价值。

　　没有人是周全的。人的某些才华的（极）出众一定是以另一些能力的（极）短缺来抵消的，比如，一个文史哲天资过人的人，对数学可能一窍不通（钱锺书就曾数学不及格）。

　　然而，这种极端个例也是幸运的，因为他们的才能分布极度不均，这使他们不用做额外的努力，便能清楚知晓自己的长短，因而少了很多无谓的选择，人生被简化成了一条道——顺应自身才华。真正让人困扰的，是那些才能分配均衡的人。他们在学校里总能做到各科均优、名列前茅；出了学校，也随时能依照社会期待的样子来锤炼自己，并且似乎都能做得不错。

在选择面前，他们参考的往往是外界认为最好的路径，却很少审视过自己的热爱。

长此以往，他们逐步丧失了挖掘自己真正擅长与热望的嗅觉。当然，也不排除一种可能，他们在社会替他们间接选择的路径上发展尚可，所以，并未出现因错位而造成的滞涩感，这也算是不错的结局。不过，会有不少人在实践中慢慢意识到错位的痛感，一种无法完全释放自我价值的缩减感。

这时候，他们中的一些人生发了纠错的勇气，在反复试错中清晰地意识到了自己的擅长与缺欠，然后，顺"擅"而为，当然，这也需要一些自由与运气。更多人随着人生的进阶与生活的羁绊，即使意识到了错位，也不再有纠错的勇气，他们开始说服自我接受现状，或通过业余爱好的培养消减错位造成的不平。而这往往是一个个体平庸化的开始（当然，平庸并不坏，只要不影响人生的质量与自我的认可）。所以，我怀疑，众人的平庸化都是因为错位造成的。这种错位本质上还是源于大多数人根本不了解自己。

现代的教育制度把所有人按一个标准塑造，无法唤醒个体主动探索、认识与了解自我。在这样的生态下，许多人不仅迷失了自己，也不可避免地走向庸钝。

古今之成大事者，必是在自己的天赋上精雕细琢之人。

当人的才华与事业完美匹配时，工作就会给人带来稳固的享受，而人的懒惰往往是错位的表征，因为才赋会让人停不下来。

歌德说过，"谁要是生来就具备、生来就注定要发挥某种才能，那他就会在发挥这种才能中找到最美好的人生"。

亚里士多德认为，人的根本幸福在于无拘束地施展人的突出才能。他说："能够不受阻碍地培养、发挥一个人的突出才能，不管这种才能是什么，是为真正的幸福。"

如果说我羡慕什么人，那么我羡慕那些很早就清晰认识到自己所长，并坚定不移只走这一条道的人。不过，对这些人而言，也许并不存在"选择"的问题，他们的天赋在自我意识中如此具有压倒性，让他们的人生不存在别的选择。

后记：写完这篇，我去图书馆看了一本李安的传记，我想李安就是坚持天赋到底的典型。他 31 岁到 37 岁失业在家，看不到希望，却一直在坚持写剧本，虽然也有试图尝试过其他生存方式，却都因为没有兴趣或做不好而放弃，直到机会终于找上了他。

天才的月亮

查理斯·思特里克兰德是这样一个"疯子"——

他原是伦敦一名证券经纪人，生活富足、妻子温秀、儿女聪明可爱。可是有一天，四十岁的他突然抛妻弃子，跑去巴黎习画。为此，他流落街头，食不果腹。

为了追寻他梦中之境，他飘零到南太平洋的塔希提岛，那个像伊甸园般的热带丛林终成他最后归宿。他疯狂作画，即使当时他的画并不为世人所悟，即使之后他染上麻风病双目失明，他仍坚持在墙壁上作画。生命尽头，他完成了创作，终于把内心世界全然表现出来了，却嘱咐别人在他死后把他的壁画烧毁。最后，他肢体残缺，宁静平和地告别了这个世界，而他的巅峰之作也随之付之一炬。

这是英国小说家威廉·萨默赛特·毛姆在《月亮和六便士》

中刻画的主人公，故事情节取材于法国后印象派画家保罗·高更。在小说中，毛姆以第一人称记录了他所亲见和耳闻的思特里克兰德的生平。

当他第一次见到这个中年人时，只觉得他粗笨平凡，他的生活井然有序，有如"社会有机体的一部分"，他"只能生活在这个有机体内，也只能依靠它而生活"。这样的人给人一种无趣虚幻的印象。

然而，当这样一个普通人突然出走时，所有人，包括他的妻子，都震惊了，他们为他的离开填补上了世俗的理由——与情人私奔了。可事实上，并没有这样一个女人，他的出走只关乎自己。他不关心家庭责任与周围人的评价，他不在意生活的饱暖舒适，他不关心自己的画作能否卖出去，他甚至无畏疾病死亡，他的灵魂似乎被某种神秘力量捕获，他无法控制自己，唯一的救赎就是拼命画画，在画中描摹他所见到的另一个世界，在画中倾泻铺天盖地的情绪和力量。

书中的思特里克兰德是自私冷漠、令人生厌的，他喜欢讥讽嘲弄他人，不感激别人的同情与照料，抢走了救命恩人施特略夫的妻子，并使这个女人为他自杀。良心在他身上早已麻木，然而，他对艺术那种原始狂热，那种不顾一切追求内心尽美的傲慢精神，依然使身边懂他的人心生敬畏。

正如书中布吕诺船长所说——

"使思特里克兰德着了迷的是一种创作欲，他热切地想
创造出美来。这种激情叫他一刻也不能宁静，逼着他东奔西
走。他好像是一个终生跋涉的朝香者，永远思慕着一块圣地。
盘踞在他心头的魔鬼对他毫无怜悯之情。"

小说中，通过旁观者，画家内心偏执的激情时时被延展开，
他作品中夸大的浓彩构形也不断递增。

这个天才，他可憎、可怜，也可爱。他自私到只能爱自己，
他无法把生命与他人共享，他不爱女人，只把她们当作一种
工具，他甚至憎恨跟他上床的女人，宁可把欲望都发泄在画上，
而不是受肉欲挟持发泄在女人身上。他不想与这个世界有任
何联系，只通过画作给世界传达自己的暗语，对他人能否理
解无所顾忌。

饥饿疾病死亡本身都不能使他痛苦，无人理解他的画作
也不能使他绝望。他像是孤注一掷的勇士，创作结果与他无
关，创作本身才与他有关。对照着这样的天才，再回望自己，
大多数人所不能克服的说到底是一种世俗的期盼。很多人"都
不是他们想要做的那种人，而是他们不得不做的那种人"。

每个人心里其实都深藏着"月亮"（梦想）与"便士"（金

钱）。当"月亮"与"便士"矛盾时，金钱名利、社会的眼光，都为我们放弃理想提供了足够的理由。一意孤行的风险太大，虽然潜在回报也许更高，但成功概率实在太小。"理性"使普通人选择了最稳妥的人生路径，只有天才不屑于"理性"，"一意孤行"对他们甚至称不上是赌博，因为他们根本不屑"回报"，生命对他们而言只有这一条道。

爱好也是解药

我这两年不断对人重复的建议是，去做你真正热爱的事吧。

不过，我发现这句忠告很无用。如果人能真正感应到所爱之事的召唤，估计早已专注其中不能自拔了。之所以有那么多人即使无法从工作中享受到"对位"的快乐却还在苦苦挣扎，要么是养家糊口所迫，要么是真心不知道自己喜欢什么。

我的观察是，二十多岁的年轻人大多是不知所好，三四十岁往上则兼而有之，不过，人到中年，养家的压力还是首当其冲。能够在年纪轻轻便认定并专注喜好的终归是少数幸运儿。对年轻人来说，对自己缺乏认识其实是常态，应当有意识地去用有限的青春试错。如果你不知道自己喜欢什么，那就通过尝试去了解自己不喜欢什么，用一种试错的方式去生活，明确自身喜好。

　　如若过了这个阶段身不由己了，那就追求小范围的移动，让工作在限定范围内尽可能靠近自己所好。即使眼下实现不了也不要抱怨，抱怨并不能解决问题，尽职始终是职场人士的基本素养与契约精神。

　　当工作偏离所好时，尝试爱上某些环节，另外，不如培养些工作之余的兴趣爱好吧。我发现，大多数中国人很欠缺爱好。

　　某日我读到社交网站上一篇帖子，讲中国大型综合类购物中心的崛起：73% 的中国消费者把在里面吃喝玩乐当成生活娱乐的最佳方式。帖子下有个美国人评论道：中国人不像西方人那样有各种兴趣爱好，他们只知道疯狂工作与学习……这个观点虽然偏激，但评论的角度还是让我心有戚戚焉。我们为了应试而放弃了兴趣，毕业后，又为了挣钱放弃了生活。

　　我想，每个人都必然也应该有自己的爱好，需要注意的是，爱好并非消遣。消遣是打游戏、看电视、喝酒泡吧等无脑娱乐，爱好则是需要调遣才智、提升自己的活动，比如学语言、画画、演奏乐器等。

　　爱好之妙在于它能成为工作与日常琐事之外的世外桃源，它是情绪的出口，让你在烦琐生活之余，还能有一片宽广的精神寄托。

现代人无时无刻不感到焦虑与疲顿。如若工作能与爱好统一，那至少工作本身能带来心灵的充实，即使人际纠葛仍无法减免；而如若工作内容都成了机械无趣的源头，这时，有个爱好便能起到消减烦闷的作用。以我自己为例，每每心有不顺时，我就会开始写东西，或者挑本书开始读。写着写着，心思便通顺了；读着读着，又获得些新的人生感悟。渐渐地，内心又恢复了宁和。

我想，如果剔除了生活中的这些爱好，我将会很难疏通自己过密的情绪与琐思。

所以，用力找到自己喜欢的事，若条件允许，将其转化为事业，你会从这种统一中获得更强的成就感与成功率；若条件不允，就把它转为爱好，让它们成为你净化心灵、远离喧躁的良药。

克服油腻的惯性

　　前年有个词"油腻"风靡网络，人们争相细数中年男女油腻症状。其实，油腻与否并不停留于外相，最终还是要落到一个人内底。

　　油腻体现的是生命力的阻滞。像罗曼·罗兰所描述的那样："大部分人在二三十岁上就死去了，因为过了这个年龄，他们只是自己的影子，此后的余生则是在模仿自己中度过，日复一日，更机械，更装腔作势地重复他们在有生之年的所作所为，所思所想，所爱所恨。"

　　这些人的四五十岁与他们的二三十岁之间的差异只有年龄，他们的人生并未获得任何宽度或深度上的延展，这便是对自己生命力的阻滞与浪费。

这样的人其实很普遍，他们的生存停留在了重复性的"条件反射"上：他们活着靠低级欲望指路，与人相处靠情绪利益诱导，遇事遭挫便是过激撕裂的反应，言谈举止尽是流言八卦的庸俗。当一个人失去精神追求与提升自我的高级趣味，他便堕入了油腻的死水。

油腻的反面是清趣，即一种清新的情趣。清新呈现的是生命力的流动，情趣则会让人在生活之上开花。

清新的人身上涌动着活力，无论活在何种阶段、受制于何种局限，他们总是对人与事充满正向的好奇，积极开拓人生的边界。这种清新的活力是极具感染力的，周围人都能感到这种能量的照明。情趣可以是思想上的幽默智趣，也可以是把日子过得充盈丰满。总之，清新的人不满足于日复一日的机械回归，随时都以极大的热情将自己投掷入生命的创意里，他们诠释着所谓的"每一个不曾起舞的日子，都是对生命的辜负"。

生命的图景总是越过越沉重、越度越无聊，油腻是将这种沉重无趣负荆于自己，而情趣则以一种轻快的方式消解它。油腻是生命的惯性，我们活着活着便容易陷入这种漠然于发生、冷淡于新奇的停滞，所以，我们要努力克服这种惯性。既然人都逃不了一死，何不起舞弄清趣？

人以群分

相由心生。

见的人多了，不同的人在我眼中渐渐分离成不同画像。我得承认，那些身上自带稳定与秩序感的人是最吸引我的。纷乱的世界与他们无关，他们有稳定的日常、稳定的爱好、稳定的阅读与稳定的价值观。他们有内生的锚，与外在无关。

人以群分。

人必然趋近那些与自己相似的人，类同的轨迹是两个人交心的基础。遇到喜欢同一本书、同一部剧、同一个作者的人，比遇到同乡与同校的人还让人欣慰。这些文本背后是宏大的人生观、美学、道德、情理、逻辑甚至经历。

不知道今天这个时代，我们该怎样定义"朋友"这两个字了。"认识"无所不在，"朋友"廉价泛滥。大部分人所谓的"朋友"只是利益交换者，精神与行为达成默契的挚友无论何时都稀缺。

物件之上。

我对"物件"很愚钝，缺乏审美与辨认，看不出奢侈品的好坏，评不出酒的醇淡，赏不了茶的香涩，更别说那些乱花渐欲迷人眼的包包和鞋子……基本上，我是个"土人"。

不过，这些年来，我越来越悟到，"一个人拥有的越多，被拥有的也越多"。

女人之上。

刘瑜说过一句评价友谊很经典的话——"检验友谊的唯一标准，就是两个人是否能凑在一起说别人坏话。"钱锺书在《围城》里对女人间的所谓友谊颇有微词，说女人天生就是政治动物。

在我看来，女人若能遇上那些可以谈论日常与物件之上的女人，也许反而更值得珍惜。那种每个词与每句话都能彼此确认的凌厉，女性之间反而不那么多见。

成于人合，败于不合

人要放弃与生命中遇到的多数人成为朋友的野心。这是不可抵达的，你得承认。在一个时期，能与一个人达成精神上对等的深交，已属不易；若过了很久，你们依然能对谈如旧，那是知音难得。

交流的难易，本质上取决于你与对方是否同一种人。若非同类，说再多话也是徒劳，思维的铁墙坚不可摧。

人常常过高估计了交流的作用，大多数时候，交流是无效的，除非"人合"（注：这里用"合"而非"和"是希望表达同一种人的契合，而非和气、和谐）。"人合"并非指技能背景上的吻合，而是综合了经历、心智、道德、品性等的整体素养。

往上一层，大概就是我们常说的价值观的贴合，比如对人的仁慈、对己的反省、对不同的包容、对欲望的警惕、对意义的求索等等。虽然我们无法将这种气质一一分解量化，但遇到"合"的人，几句交谈、一眼汇合，彼此便能感知；遇到"不合"之人，也是一句话见分晓的事。

合的人之间的交流是心底的共振，是观点的确认与话语的见证。不合之人，就像同极的磁铁，相斥是一种本能。我在想，我们人生中有多少时间都浪费在了试图与不合之人共谋的努力上。所以，人要挑剔，要有眼力，无论选择伴侣、友人、同事、上司、下属，最终都会落到"人合"。

成于人合，败于不合。

"人合"是所有关系及谋事成功的起点，也会决定终点能走到哪。

矛盾与创造力

人

　　一个人身上要带点矛盾才生动。年轻人的年轻，中年人的中年，老年人的老年，都因为人与身份的过于统一而无味。年轻人的老灵魂，年长却仍有天真好奇之心的人，都会带来逾越年龄的惊喜。

　　一个古板严谨的学者不动人，若有幽默或笨拙，会更可爱。一个严肃功利的商人不动人，若能自弛与豁然，会更亲切。

　　年轻自然的姑娘，若能谈吐不俗、思维清健，会更迷人。成熟历练的女人，若能保有心思的单纯与活力，也魅力独特。矛盾即要包含自身的反面。

世

时代与人一样，呈现的矛盾与冲突越多，文化的创造力也越强。那天看许知远采访罗大佑，罗大佑作为 20 世纪 80 年代台湾的乐坛旗帜，身上凝聚着那个时代的冲撞、叛逆、讽世。

三十多年过去，罗大佑已过耳顺之年，台湾亦不复当年的台湾。片子末尾，许知远感慨，一个时代过去了，老兵离家不能归的悲情已散，那种张力感自然就消失了，找不回，也不用找了。这让我想起尼采在《偶像的黄昏》里讲的："文化和国家……两者互相分离，靠牺牲对方而生长。一切伟大的文化时代都是政治颓败的时代，在文化的意义上伟大的事物都是非政治的……"

回看我们这个时代，表面上零碎的纷争不断，但本质多是围绕利益纠葛而展开，缺乏站在更高处或更深层的矛盾与张力。而当时代里所有人的精神步调都趋同，灵魂与创造也将被稀释。

自由即自律

　　我曾一度排斥规律的生活，认为规律是反自由的，是异化人的手段。在有了更多人生阅历后，我才逐渐体悟到：自律之人才是最自由的。很多人会厌倦朝九晚五式的工作制，认为它缩减了自由，于是，便渴盼一种截然相反的状态，一种没有任何限制的绝对自由。殊不知，外附的规律一旦消失，人就像被抛掷于一片失重之下，丧失了平衡与方向，陷入了颠沛流离的恐慌之中。

　　我曾有半年尝试过一种相对更自由的生活，睡到自然醒，凭冲动给自己安排每日事务，不设常规，随性随意，结果没多久就厌倦了。日常规律其实保证了生活的可预期性，而可预期性会赋予人精神上的松弛与稳和。

　　规律的打乱意味着人生被不断暴露在无穷的不确定中，大多数人并没有自建规律的能力，也不具备全然接纳生活的

"不确定性"和由此产生的"不安全感"的心智,所以,他们需要依附于雇佣工作。

按照罗素的说法,"很多工作能给予人们消磨时间和施展哪怕是最微小的抱负的快乐,这一快乐能使从事单调工作的人比无所事事的人幸福得多"。即使是一个财务自由的人,也只有通过有规律与目的的生活,才能获得活着的乐趣。事实上,富人的工作甚至比普通人更卖力更紧凑。一个人对抗无序是一种能力,从无序中开辟出规律是能力,而遵守住规律更是一种少见的能量。

最卓越的自由是能不依附于他人设置的目的,自我构建人生意义、建立计划并依律往前。不过,罗素也说过,"能够自觉而明智地充实空闲时间是文明的最后产物,目前还很少有人能达到这个程度"。总之,极大的自由都意味着极大的自律。山本耀司讲过一句很扎心的话——"我从来不相信什么懒洋洋的自由,我向往的自由是通过勤奋和努力实现的更广阔的人生,那样的自由才是珍贵的、有价值的;我相信一万小时定律,我从来不相信天上掉馅饼的灵感和坐等的成就。做一个自由又自律的人,靠势必实现的决心认真地活着。"

这世界从不存在绝对的自由。人生的充实与快乐与其说仰仗自由,倒不如说取决于自律。

自足的智慧

看书读到一句"自足即智慧"，我心里一暖。书里又写到，"人生的智慧就在于自觉限制对于外物的需要，过一种简朴的生活，以便不为物役，保持精神的自由"。

我觉得这样形容"自足的智慧"还不够。

自足的状态，应该是无须克制的。克制说明还有欲望，需要去掐断；自足了，心的落脚处变成已有的，不用再向外找了。自足是泰然的，不用力的。已有的即足够，未有的无所求。自足也是饱满的，气定而神闲。凡人的郁闷，都是想着未有的，忘了已有的。

而每一次拼命将"未有"占为"已有"，只能带来短暂的满足。得到即贬值，此为凡人之境。

　　若眼光总在捕捉未有的，人便沦为欲望的奴隶。毕竟，未有无限，已有有限，人的一生更是有限得局促。用有限去追求无限，本就是荒诞。当你懂得无论你占有多少，都不会再为你的福悦添砖加瓦时，自足便离你不远了。

　　持久的自足需要人生的智慧，而时不时的自足感则可以通过时时的自我提醒达到。常常提醒自己已拥有的美好——

　　"春有百花秋有月，夏有凉风冬有雪。"

　　那被你无视的身旁，已有足够的理由令你自足。

用回忆证明来过这世界

假如你现在到了生命的终点，老天让你为此生做一个总结，你会想到些什么?

在你开始回顾一生时，你会发现，并不是每一天都会被记忆同等对待，事实上，大部分的日子都消散在时空里，不过，你可能会记得这些片段——第一天去上学时紧张不安；第一个让你心动的异性；第一次对你对赞赏有加的老师；去大学报到时的兴奋；初吻的甘甜；第一份工作入职时的期待；结婚时的誓词；孩子出生的历程……

心理研究发现，一个人一生能保留的记忆大部分集中在15到30岁（当然，随着现代社会结婚生育年龄的延后，这条年龄的分界线也会相应延后），因为这个年龄区间布满了我们人生中太多的第一次。

小时候，我们常会感叹时间怎么过得那么慢啊；年老后却感觉度年如日，光阴似箭。

年少时，每天的经历都相对新鲜，新鲜会延展人对时间的感知；年老后，生活的重复性大过新鲜，从而给人一种时间在加速的错觉。

除了那些"第一次"之外，那些令人自豪骄傲的人生高点、令人沮丧绝望的人生谷底，也会被收藏在记忆的储蓄罐里。回忆把我们的一生简化为第一次、高点与谷底的总和，如同历史一样，历史从来不是平铺直叙的日常，而是"平日断裂处，历史方呈现"。

回忆也从来不可能如实，就如同历史都是片面的故事。回忆是一种再创造，我们把过去的时光撕碎得像雪花一样，再堆积成雪人。这其中会有自圆其说的拼凑，毕竟人的回忆都是偏向自己的失真。

时间无形，我们便用回忆给时间以轮廓。时间无情，我们便用皱纹给时间以祭奠。

每个人都是时间流逝的途径，每个人都处于生与死之间的罅隙。我们用回忆证明自己曾来过这个世界。

衰老的亮度

记得自己在25岁和30岁到来之前，都有一种突升的恐慌。这个时代的急促让人迫不及待想在而立之前有所建树，似乎到了30岁还无所作为的话，生命就注定要荒芜下去了。

也是因为女人身上时间的流逝性比男人更显著，所以，女人面对衰老似乎有着更深的焦虑。然而，真过了三十岁后，生命反倒慢慢驶入一种从容不迫。岁月给人的智慧，只要你能承接得住，是能赋予人以光的。我并不想回到青春年少，那时的鲁莽与唐突，那时的不知深浅的自负与受挫后的自卑，活得过于用力，并不可爱。

现在倒是越发觉得成熟真好，当对人与事有了辨识度，生活的确定性会越来越多，人学会接纳自己，尤其去接纳自己的裂隙时，时间的光反而照了进来，人生从此有了更多亮度。

年轻时，总有一颗占据一切的雄心；待人老去，那些不重要的自然会从生命里脱落。生活有了专注度，才有了从容所需的厚度。

某天我看到拍摄蒋勋的一个片子，他 2014 年回到台东池上，住进了一间简朴小屋，画画、读书、写作、散步、修葺艺术馆……他说，生命过了繁华以后，还是可以很美好。

他的这种状态甚至让我有些期盼晚年。

等我老了，欲望脱落，我想我也会挑一个安静的地方待着，专注做心喜之事，观美好风景，全然沉浸于生活本身。

人的渐老，是让我们逐渐学会坦然面对死亡。

在人生的终点，我希望能优雅地跟这个世界告别，跟自己告别。

遗忘的时代

麦克卢汉说：我们的工具增强了人体的哪个部分，哪个部分最终就会麻木。

我们在获得信息的广阔与速度时，必然失去了消化咀嚼信息的从容与深度。

我担心我们的情绪连同信息都流转得太快了，

太快了，以至于我们最后麻木了。

我们强迫症似的不断刷新页面，

企图比别人早一秒知晓信息。

我们前一刻还对着执法不公的新闻而愤懑流泪，

下一秒已对着笑话开怀。

太快了，快到我们不断用遗忘迎接新闻。

情绪与思想，

本应在"慢"中生成与沉淀。

而我们在迅速流转的信息中

竟完成不了一个完整的笑。

我们刚笑了三分之一，表情已转向下一条。

流泪更应是个缓慢而悲伤的体验，

有雨打芭蕉的韵律，

有悲天悯人的情怀，

而今天，流泪也被速成化了。

思想在广阔中稀薄着，

记忆继续被速度祭奠。

我们遗忘，

然后继续麻木地活着。

当遗忘苦难的速度

超过新苦难的生成，

我们都将成为这个时代的共谋。

生活的箴言

年龄

关于年龄的不幸在于：年轻人体会不到自己的年轻，年老者却时刻意识到自己正在变老。

人生是个不断减少不确定的过程：年轻人因生活的变量而勃发；年老者因生活的定量而安宁。要让精神先于肉体衰老，才能更坦然面对肉体衰老；要让智慧对得起皱纹。

社交

时间越来越少，要对社交吝啬，对阅读慷慨。珍惜与亲友的每一次相遇，年岁越长，每一次的相遇，都越可能成为最后一次。

一人静，二人谊，三人以上开始戏。商业是一堆人的戏，友情最需要一对一的谊，人生的智慧则只能靠一人静。

人世

人世间，是一群想不清自己要什么的人给一群知道自己要什么的人工作。糊涂的人需要清醒的人带着往前走。越早明确自己一生要做的事，越早获得活着的力量。

只要确认了自己的大方向，并保证自己在大方向上前行，过程中的波澜挫折都不重要。耐心和坚持是人与人的分水岭。人在彻底意识到自己是平凡之身后，才开启了活在当下之旅。身边的美好踏步而往，日月明晰，路途比终点生动，经历比得到值得。

有句话我一直印象很深："人无法用相同的自己，得到不同的未来。"

人的样子

人的样子，在成年后依然在变的。

大学毕业几年后，再聚首是个"再认识"的过程。

过去的同学，再见不一定能再认出。

过去的朋友，重聚不一定能重交心。

他们身上除了时间的雕刻，还有社会的磨砺。

前者是公平的，谁也逃不掉时间的高利贷，

要我们用衰老、疾病、和死亡去还；

后者却是主动选择的过程，

有些人，选择在时代中克服自我，成为时代合格的缩影，

有些人，选择用自我去克服时代，遂依然保持清雄雅健。

不同的选择，决定了不同的路径，

不同的遭遇，会让人长成不同的样子。

时代的影子，会跟时代越来越像，

时代的反面，会有超越时代的样子。

有一天再聚首，

我想我们都能找到彼此。

取舍的能力

人的一生无须太多物质，

也无须太多朋友。

我们要有取舍，

当彼此气味不同时，

是不该让别人在你这浪费时间的。

省下的时间，

可以让他们找到更对味的人。

人与人之间，有莫名的磁场。

同类之间，无须太多言语，

一个眼神，便已知晓彼此。

大部分人只是路过你的生命，
留下的，都是灵魂相近的人。

生命是不可控的，
我们随时都会死。

所以，
要抓紧时间，
舍弃本应平行的人，
珍惜彼此懂得的人 。

生死为边界，困局即出口

夏日近尾声了，天气渐凉。

两季交界，总有一种暧昧之美。它既是告别，也是迎新。是死，也是生。从这个意义上说，每个人的存在只是生与死之间的临界状态。

叔本华说，要把每一天当作一次生命的流转。清晨即是降临，夜晚便是死去。把清醒的时间划出决绝的边界，会让人更明确活着的使命感。困局也是出口。困局让你认得边界，懂得边界便更懂得自己，知晓明确的方向。人有一个边界也是最大的福祉，那就是——我们都会死，必然而决绝。这个休止符让活着有了节奏感，而它更大的魅力，在于让人一生所能经历到的坎坷不平与高峰凌空都平淡无奇。我知道我会死——没有比这种自知更有力量和愈合力了。

2

液态时代一切的坚固都在消散

第二辑

"我们这个时代不缺崇拜与荷尔蒙，
缺的是冷静的注视与理性。"

人与人之间充满误解

人与人之间只有完全的误解，而不存在完全的理解。每一个词、每一句话都为误解留足了空间。

我所谓的"快乐痛苦"都暗合着我脑海里呈现的画面与情境，而你所理解的"快乐痛苦"也涂上了你的生活图景。同一个词，被每个人覆盖上了自身的烙印，烙印与烙印之间绝无完全重叠的可能，误解是必然的。然而，人依旧坚持表达，因为人的本质都孤独，都渴望被理解，即使这渴望是无望。

我们所读的古典作品，经手这么多代与这么多人，理解已严重偏差于原意，每一代、每一个人都在用自己的阅读更新着作品。

人类用语言为事物穿上衣服，衣服却代替事物变成了本质而流传千古。人类用语言表达思想，从脑到手的距离，便让思想的战栗死在了"语言的化石"之上。人类用语言互传信息，从心到口，再从口到心，理解已发生的质变。若传递不止于两人间，那误解的方差将呈几何级数增长，人际间的误解甚至会恶化为战争。

不同语言之间更是存着无法逾越的文化鸿沟，所有翻译都是再创造，而用非母语表达通常不能最大化思想之意尽。信息无处不在，社会却是在对信息无时无刻的误解中运转着。

木心说，知名度来自误解。其实，什么不来自于误解呢？知名与恶名、爱与恨、自大与自卑……都来自人对他人、人对自己的误解。所以，不要对被他人理解有所期待，要对他人的误解做好准备——无论是有意的曲解，还是无意的歧解。说到底，语言似是为降低人的孤独感而出现的，却进一步放大了人的孤独感，因为人永远不会被另一个人完全理解。

我们每个人终其一生只有自己才能完全理解自己。

舆论的乌合

　　每隔一阵，社交媒体上都会出现因个人私生活而被大众谩骂的对象，无论是明星还是素人。空虚的人们热爱八卦与新闻，用以消磨生活的无聊空洞。舆论的众口铄金在这种时候极具摧毁力。围观者陷入群体统一的愤怒中，似乎只有加入舆论的洪流才能彰显自身的道德。

　　被谩骂的对象错了吗？

　　也许。不过，他们很可能只是做了我们每个人在相同处境下都会做出的决定。如若不触及法律，道德的对错与松紧从来都很难审判，并不是围观者在脱离实际情境下便能审判得了的。比方说，在存在主义哲学家看来——比如是尼采、萨特、波伏娃——基督教伦理与中产阶级道德观是反人本性的，是对人生命力的消减，他们也在用自己背离常态的生活方式对抗整个时代的道德伦理。

情境"脱嵌"下的审判总是最武断，也最无用的。

舆论表面上是群体的轰鸣，实质上，不过是一两个声音的回荡与放大，给那些不会也不愿思考的庸众以谈资，让他们泄愤、聚拢。每当这个时候，我总会想起勒庞在《乌合之众》中所说的："大众靠着无意识、情绪化的思考过程来生活与被统治；群体从来不渴望真相。比起那些背离他们偏好的证据，他们更乐于美化和服从错误，只要那些错误看起来更迷人。无论是谁，只要能给群体提供诱人的情绪化的幻想，便能当他们的主人；如果谁试图打破群体根深蒂固的幻想，那必然是徒劳的。"所以说，舆论对象总是恰好迎合了大众情绪，他们的私生活被用来围观与消费，却没有人关心事实真相，人们只想获得倾覆的快感。

每每见到舆论的肆虐，我都会为无意识的人群感到可惜：每个参与者为自己表现出的"正义"而获得虚假感动，却丧失了自我省思与启示的机会；每个参与者在舆论洪流中获得了摧毁的快感，却并没有构建任何有价值的东西。谩骂不会让人更接近道德。而那些被谩骂的对象，希望他们能自省并正行，但也无须让自己背负舆论压力。任何辩白在这种群体亢奋下都是无用的，只能静静等待洪流过去。反正，这个时代，人们遗忘的速度远远超过记住的速度。

偶像崇拜都是造神运动

　　人总愿意为自己寻偶像，大概是因为自己不知道该怎么活，便望向人群的高处，渴望一个灵魂的导游、一个明确的榜样。

　　然而，这种仰视里，必然包含过度的美化与神化。被仰视的人周围常常是自我贬抑的愚人。每次见到粉丝对明星的膜拜。传记作者对商业领袖 360 度的褒扬，你便知这又是一场造神运动。据我观察，造神与倒神在国内都比在美国更甚。一个显见的例子，美国苹果公司前董事长乔布斯去世那一年，国内一些人朝拜他的热度似乎比美国更高。但无论中美，都有许多人冷静地认为人皆有缺陷。

　　这种对人性的周全认识，一方面会让人警惕过度崇拜任何人，另一方面，也不会让人过度失望于偶像的缺陷。反观国内有些人的造神与倒神，都走向了一种极端。偶像崇拜是将人标签化，将人身上的一些特征给予放大。

　　然而，这又是个比以往更透明且纷复的年代。光环刺眼了，"人设"立得过了，总会有人撕去偶像的标签，把放大的那部分还原甚至毁坏，围观者又扑向颠覆偶像的欢腾中。人们不厌其烦地造神、倒神、遗忘，继续造神、倒神、遗忘……

　　我最近在读爱因斯坦的杂文集，有段话挺打动我，他说："每个人都应被视作个体而受到尊敬，不要神化任何人。说来也是命运的讽刺，我自己就被人过度崇敬，这并非我的错，但也非我的功劳。原因可能是因为人们渴望理解我所发现的一些理论，很多人无法理解它们，但我也是经过无尽的挣扎，以我的绵薄之力，才有了那些发现而已。"一个对科学发展有巨大推动的伟人能保有这样的清醒与谦逊，让人不得不尊敬。

　　我们这个时代不缺崇拜与荷尔蒙，缺的是冷静的注视与理性；我们不缺拼命往神坛上爬的人，缺的是点亮人群智性之光的普罗米修斯。当然，我们还会需要偶像，通过他们的可能性为自己的人生提供活着的灵感。然而，我们还是要提醒自己，莫要盲目崇拜，莫要神化，他们只是我们精神上的同路人而已。

警惕自传

自传常把主人公的人生简化为所有高点的连接。

从重点中学到名牌大学，从名企高管到创业上市……好像他的一生就是从一个高峰跳到另一个高峰，从不曾从高峰下来过。确实，人生里的大部分日子都乏善可陈，人都只愿提及光辉，让自己显得重要。但今天，那些看似耀眼的履历已"通胀"了，人们估计都对类似"哈佛女孩"这样的头衔免疫了。高点的罗列对他人并无帮助，只能加强作者自身的自我。对人有益的从来都是一个人如何从低谷爬到高点的过程，不过很少自传作者有这样的胸怀揭示自我，他们渴望的是众人对自己的仰视，而不是将自己平实化。

我少时一直爱看自传，好奇人能活成哪些样子，想临摹，想汲取养分。如今再回顾那时视作人生灵感的名人自传，大多读不下去了。自我粉饰过多，跃然纸间的只能是个假人。

也难怪钱锺书曾写道："作自传的人往往并无自己可传……自传就是别传。"

有次，我看一位美国商业作家的演讲，他在PPT开头列出了自己曾经历过的所有失败——遭遇解雇、创业失败、欠债累累……一下子让我肃然起敬。能把"低谷"展示给别人看的人都有一种豁达的自信。

后来我发现，越是大成之人，越愿自揭伤疤。10月我去看迈克·布隆伯格的现场访谈，他坦言曾遭遇过降职，还被公司炒了鱿鱼，如若不是因为当年的这些失败，他也不会去创建彭博。对冲基金教父瑞·达利欧也不避讳他当年因为跟老板发生冲突而被解雇的窘事。是啊，当人能靠自己的作品来为自己解释时，是无须赘述的。"作品"可以大到一家成功的企业，也可以小到设计的一件产品、写作的一本书。

有次我看李安采访，他谦和少言，对主持人说，看我的电影就足够了，我自己其实没什么可谈的。李安就是《卧虎藏龙》《断臂山》《少年派》……他的作品就是他的自传。只有当人无作品可呈，或作品不够好时，才需要额外的标签为自己辩护与造势。我现在很少看自传了，毕竟人谈自己很难真诚，真诚的人也羞于夸夸谈己。倒不如读小说，小说里的角色会比自传里的自己更真实可信。

固态与液态时代

我时常会想起二十世纪八九十年代的中国。

那不是一个物质极丰的年代，却也不贫乏，现在回忆起来，其实都"刚刚好"。我记得小时候人们还要拿粮票去买米，家里桌面玻璃下还常压着几张粮票。我模糊记得那个计划经济尾声的年代，小到柴米油盐，大到婚姻事业，都有个明确的"计划"铺陈在前。

有时候，没有选择反倒提供了一种"稳和"。人对幼年的感受也许来自对周边人"表情"的记忆归总。我家那时住六楼，三室一厅的房子里住着两户人家，邻里关系很亲，平时包个馄饨都会互相送，还互相帮忙照看小孩。我家是楼里第一个买彩电的。一到晚上，邻里们大大小小会带着板凳来我家看彩色版《西游记》，我至今都记得那时的自己多开心。

记忆里，邻里长辈的"表情"总是微笑、积极、开朗的。这大概就积淀成了我对那个年代的印象。那时的亲人间也有着牢固的温热。过春节是件大事，一大家子聚在老人家，大人忙里忙外，小孩子打打闹闹。朴素了整一年，全都等着春节穿新衣、吃鱼肉、看春晚、放炮仗。春节的意义，只有在那个年代才凸显。它是物质平朴年代里的丰盛，是联络缺乏下的补偿式欢聚。

那时生活的边界清晰，时间与空间感都明了。下班了，便是下班了。放学了，便是放学了。在没有空调的年代，夏季闷热，我妈会在阳台上搭一张小床，围上蚊帐，晚上我们就挤在小床上，吹着小风，望着高远的星空。那时的天，夜色清朗，晚霞柔亮。之所以会想起这么多，是因为今天读的鲍曼的《流动的现代性》(Liquid Modernity) 给我很深触动。

我们的时代，在不经意中，已从一种固体状态游移到了液体状态。这种渐进又猛烈的现代化演进，把人们抛掷到了无根、无定、稍纵的流体中，却并没有人告诉我们"锚"在哪里。

一方面，我们依旧被灌输着传统的价值体系与行为范式；另一方面，整个传统秩序已在新时代下被迫流动。

家庭、组织、伦理、道德……这些曾赋予人稳定与安全感的体系都在被新液态溶解中。在这样一个流沙时代，个体不再有稳固感。鲍曼说："……（既定的）模式与结构都不能再被给定，因为实在有太多，它们之间彼此撞击，甚至戒律与戒律之间还互相矛盾……"

　　生活在这样的时代，如同在海上漂浮，手中只有一块浮木，前浪后浪，漫无边际……那种无可依靠的苍茫，大约就是流体时代下我们每个个体的写照。原先以为自己时常忆起年少只是因为我老了，现在明白，也许我只是对固体年代旧有价值体系的留恋。

　　"从前的日色变得慢。

　　车，马，邮件都慢。

　　一生只够爱一个人。"

　　那种简简单单、没有别的选择的既定与认命，在过去被迫的无奈，在今天却成了缺失的遗憾。

加速时代的异化

我最近看了一位德国社会学家关于社会加速的演讲，很受启发。

他总结道，现代性——从时间这个纬度审视——本质上就是社会的不断加速。

工业革命后，世界被激活了。曾经隔绝的地方与国家被连接起来了，人、物、技术、资本、信息在全球层面加速流通，时空的界限被打破。

这种加速首先最直接被感知的是技术的递进。交通、通信、生产与消费都因其更迭加速。以消费来说，1900 年，一个典型的欧洲家庭平均拥有 400 件物品，而到今天，一个普通家庭已经拥有 10,000 件物品。

其次，是社会变革的加速。知识、艺术、科学迭代增速，连政治的节奏都变快了。旧时的皇帝一辈子执政，现今的欧美国家大概每四年就要重选元首，而每任新元首上任都会允诺经济增长。

最后，是生活节奏的加速。对身陷加速运转中的个体来说，他们饱受时间缺失之苦，生活与工作的界限被打破，每个人的生活都充满紧张，驱使他们前进的不是贪婪，而是深深的焦虑与恐慌。他们加速跑不是为了赶到人群前面，而是担心落到后面。换句话说，他们不断加速，只是为了保持现状。

事实上，资本主义经济体制本身便内置了加速的罗盘。资本主义发展至今，现代社会已陷入一种动态平衡（dynamic stabilization），只有通过加速与创变，才能保持一种平衡。然而，并非一切都可以像经济科技那样加速。自然生态自有其规律，无法加速，所以，经济的大幅阔进造成了对自然的破坏，引发了环境的危机。

人的身心也有极限，过劳会带来疾患，无论生理还是精神上，越来越多人饱受倦怠与抑郁之苦。当被卷入这种高速机械化的流转之中，人很快便会被"异化"——孤独感、去人性化、梦想的破灭……

　　我不清楚这种焦虑驱使的动能可以陪一个人走多远，但很确定长久处于"兵荒马乱"的状态必然会打翻人内心的平衡与快乐。

　　所以，如何在"加速度"下，让自己"身已动而心不远"，培养一种锚定的心理稳定能力，对现代社会中的每个个体来说，都会是极大的心智考验。

每个人都渴望回声

最近，我又读到哈特穆特·罗萨关于他新书《共鸣》的采访，那是我读到的最美的关于现代性与活着的语句，从中几乎找到了自己的回声。

他说，人之为人，都不可避免想要向宇宙呐喊，得到回音。

现代化让世界沉默了。每个人内在都很寂寥。

于是，我们去观海，去仰望星空，去森林漫步，去山上远足……都是在试图重建与自然的共振，并在这种共振中感受到自我的存在。我们去爱、去听、去唱、去读、去画……都是为了寻找回声。

几年前回国时，我跟朋友闲聊道，今天的我们比任何时候都需要精神文化上的补给，太多人的内心干涸又孤漠。

　　康德说的，人是最高目的。人所孜孜以求的那些外在物都不过是手段罢了。为了活成更好的人，每个人都需要关于活着的智慧的滋养。

　　每个人，都渴望心灵上的回声。

人群的秩序

记得当年我乘坐的飞机刚落地波士顿，我心中期盼的是见到一个极其摩登现代的都市，结果，车一开出机场，迎面而来的是一个朴素沉静的小城，都赶不上外滩的繁华，那才是 2006 年。

十几年过去了，中国都市的样貌日新月异，如今的中国人再去游历其他地方，估计都会有强烈的落差：啊，原来纽约就这样啊；啊，原来东京就这样啊；啊，原来首尔、巴黎就这样啊……

城市的硬件改造有如整容手术，确实可以一蹴而就让城市样貌得到飞速提升；相反，城市的内在气质却是长期的积淀，它需要依靠城市中大多数人的自觉与合为。衡量一个地区的发展水平，看外在设施容易被误导，还是应该看整体人群的秩序感。

细小到坐电梯的时候人们是否自动靠右站立，让赶路的人从左侧先过；司机能否遵守交通规则，愿意自觉让道给其他司机与行人……

比如，这几年我每次回上海，都惊喜地发现人群的秩序感甚至要超过了纽约，而路上的行车也越来越遵守规则，跟八九年前的景象已截然不同。我们甚至可以从一个城市人群在通行中的状态推测出这个城市商业的规则与秩序感。打个比方，一个登机毫无秩序的城市，其商业秩序也会更丛林野蛮。

秩序是人获得安全感的前提。

秩序意味着绝大多数人的行为可预测，脱轨的行为也会得到惩罚与纠正。秩序的缺乏，意味着这个社会默认的常态依旧是人与人之间彼此抢夺。

幸福与贫富

　　当一个社会绝大多数人的安稳生活有了保障后，民众的幸福感便不再主要取决于物质的进一步繁盛。

　　要让大多数人有幸福感，关键是要理解"不患寡而患不均"的真谛，要理解攀比与嫉妒是人所不能克服的劣根性，而攀比会直接影响人的幸福感。联合国自2012年以来每年都会公布世界幸福报告，而每年荣登该榜单前十位的大多是北欧国家，美国基本在十名开外，这并不奇怪。在北欧，政府通过高税收的调节、高福利的分配，极大减少了社会的贫富不均。虽然高税收在理论上会削弱个体的奋进动力，但它却更能减少由贫富不均而造成的社会割裂与个体愤懑。

　　其实，对"高税收不利于刺激个体努力工作"这个经济学假说我并不能完全认同，这个理论的前提就是——所有人都只是为了钱而工作，否定了工作本身带来的其他重要价值，比如成就感、社交性、安全感，以及对人生虚无的填补。

与欧洲相比，美国是讲究竞争与奋斗的国家，无论是相对低税的环境、商业偶像的塑造、美国梦的称颂，都旨在刺激这个国家每个个体的欲望，通过个体的奋斗合力提升美国的总体竞争力。不过，社会达尔文主义政策的推行，自然也会造成贫富不均的扩大，以及由此造成的种族与阶层分裂，以及中产的不忿。

事实上，历史上的重大冲突事件很多时候都是因为一国贫富不均到达了极限值，社会矛盾不可调和，原有的社会结构一夜之间土崩瓦解。比如1929年美国经济大危机前，整个社会的贫富不均到达历史高点，2008年美国金融危机前同样如此。

人生来才智差异巨大，当人类社会没有外力调节，必然会朝着有利于"精英"与"特权"的方向演进。在今天的信息化时代，这种不均正以指数级别飞速扩张。

美国有创造"英雄"的土壤，北欧有造福"平民"的机制；前者激发精英争名逐利，后者宽慰大众安"贫"乐道；前者会进一步扩大贫富差距，后者则致力于缩减不均。也许是时候多关注大众的幸福感，使社会制度在这两者间找到平衡了。

争辩背后的我执

在川普当选总统第二天，纽约媒体就有一篇文章认为，川普的胜利得益于 Facebook（美国著名社交网站）。

Facebook 上有大量为挣点击量而发的假新闻，比如罗马教皇为川普背书，希拉里买了上亿军火还有各种性丑闻，等等。当然，假新闻哪里都有，但 Facebook 的信息传导机制——"情绪控导不假思索的分享点击"以及"显示更多类似信息的算法"——外加 Facebook 巨大的用户体量，让这些假信息拥有了非凡的力量。换言之，本来大家觉得社交媒体能增加观点的多元化，但实际上，这种算法让大家只看到自己感兴趣的信息，只与自己意见一致的朋友抱团取暖，世界不仅没多元化，反而出奇一致了。

我在反思我们每个人是不是有接受多元化观点的可能，还是只是不断给自己已有的偏见添砖加瓦？

　　什么时候我们会需要真正公平对待不同的观点呢？当观点的选择意味着风险的时候。比方说做投资的时候，同一笔钱可以投资股票，也可以投资大宗商品、房地产等等，这个时候，要求个人摒弃偏见，将所有选择做一个公平理性的分析，然后再做出选择，最后一般什么都会投资一点来分散风险。但政治不一样，选希拉里还是川普对眼下的生活没什么改变，对未来的影响也远在天边。因为这个选择让每个人感知的风险太有限，所以，大众不可能用对待自家钱袋子的态度来对待投票。

　　换言之，在美国，政治跟理性没什么关系。也正因如此，政治总是观点鲜明、非黑即白，美国几百年来也一直是两党格局，如果多一个党，政治观点立马模糊不清。两党就是为反对而反对，反对才能感受到个人的存在，反对才能让一个群体紧密团结。

　　其次，我们每个人背负的偏见比观点多。这种偏见是由我们从小到大的社会、家庭与个人经历同时灌溉的结果。然而，大部分人都坚信自己掌握的是真理。这种对"偏见"的偏执让很多人丧失了接受其他观点的可能性。

　　川普的当选虽然敲醒了一堆知识分子，让他们意识到了被忽略的美国蓝领的声音，但并不会改变他们所认同的政治理念。要改变偏见几乎是不可能的，但意识到"偏见"的存在是倾听其他观点的前提，可惜的是，这个前提往往是缺失的。

　　再深思一下，为什么我们对一些其实不那么直接关乎自己的事如此固执呢？本质上，与其说我们是在捍卫自己的观点，不如说我们是在守护自己的我执。英文我执的含义指自大、自尊和自我感觉的重要，中文就俩字——"面子"。所以，当别人反对你的观点时，你被激发起来的往往不是理性去辩论，而是格斗的情绪，因为你潜意识里感觉自己的尊严和自重遭受到了挑衅。

　　社交媒体上时不时有各种骂战，其实从来不是观点与观点的辩论，都是我执与我执的搏斗，这种搏斗从一开始就不可能有善终，因为我执的搏斗从来都只能强化各自的执念。

　　网络与现实并非割裂，前者只是后者的映射，所以将川普的胜利完全归到 Facebook 也并不客观。但不可否认的是，社交媒体、粉丝、名人朋友圈等等，都在强化每个人的我执，让每个人都越发自觉重要，但真实的情况是——信息的过量让我们每个人都不那么重要，假设你停发朋友圈一年，估计也并不会有多少人注意到。认清我们的渺小，明晰自己时时刻刻的偏见，尽可能地兼听则明，才能让人更淡定从容。

量化时代

我们生活在一个量化时代。我想，量化可能从货币的通用就开始了。

在货币通用之前，每件物品都有多样的特质、各自的价值，它们被作为整体来审视；在货币通用之后，物品的各种特质不再被同等对待，价值的衡量标准被缩减至通常的变量——供需过剩、稀缺等，所有物品都被明码标价，每一件物品的价值都被一个具体数字覆盖，而它身上那些独特、异常的闪光点都被抹杀了。

通过"量化"来进行物与物、人与人之间的比较社会现象无处不在。现代的教育制度就像这货币的量化一样，每个人被缩减为几项科目考试所得的一个总分，被以此排名，而我们身上的异禀、特性统统都被忽略了。

离开学校后，每个人的生活依然难逃被量化的命运，在一定范围和一定程度上钱成了社会衡量人成功与否的依据，而我们所做之事的意义、活得是否充盈愉悦，似乎都成了钱就能代表的事。

大数据与人工智能的逼近让量化的肆虐成为必然。未来，我们每个人都将被赋予一个值，这个值会是各种通用维度值的叠加。量化总是以牺牲异质为代价，社会为我们勾勒出人群间通用可比的指标，我们便毫不犹豫扔掉了自己与众不同的特质，迫使自己在同质化的道路上精进。

平庸化就是这样发生的。

人工智能与人的创意

　　我跟某博士聊起人工智能对人工的替代：当人类诉诸逻辑的运算与操作都被机器替代，人的创造力反而成了人最大的优势。

　　结果，博士对此观点给予了否认。他说，之所以人会以为人的直觉与创造力是一种谜一般的能力，其实只是因为人从未把直觉背后的思维过程一步步解释清楚，但是，直觉背后依然是有运算的。

　　我想了想，不无道理。以我自己写文章为例，观点并不是空穴来风，过往的阅读、与人的交谈都会提供素材、启发观点；而文字的搭配、语句的承接背后更是存在着快得连我自己都没意识到的"运算"，比如上下文的逻辑、词语的避免重复等，这些考量都在我头脑中快速运算、果断决定着。

再扩一点来讲，所谓创意，无非是将两个看似无关的东西建立起新的连接，机器也应该可以通过深度学习与算法去搭建这种新连接。那么，所谓的灵感，到头来，只不过是一种对信息极快的运算？伟大的文学艺术作品其实只是完美的运算结果而已？

一想到未来一台机器便彰自生创意，我突然感觉脊背发凉。

所有的"创意"到头来都不过是又一套程序而已？

被观看的价值

德波的《景观社会》出版于 1967 年，50 多年后，他的预言成为现实。

人们被庞大的景观聚拢成的幻象所笼罩，本真的存在被完全颠倒。表象代替了本质，被观看的价值取代了存在本身的意义。景观构筑了彼岸美好，激发人的欲望，欲望又规划着社会生产。

人的一切，似乎都从视觉幻象里出发。

景观，作为一种视觉表象，重新赋予了物以意义，赋予了人以目的。"在被真正地颠倒的世界中，真实只是虚假的某个时刻。"人醒来，在信息流与短视频的冲刷中，单向被动地顺从于迷人的景观，日复一日，直到他不能再"醒来"。

而那些如肥皂泡沫、喜怒流变的感官视觉，都在重塑着我们每个人所认为的"世界"。在炫目的影像里，人大概并不能意识到，他们与真实存在的距离越来越远了。

我开始有意识减少自己被动"观看"的时间，近几个月紧盯新闻并未让我摄入任何有养分的信息，反而让自己变得情绪波动大、偏见滋生快、是非难辨。

同时，我也在想，绝大多数人，在这个信息图片无所不在的时代，是否都已进入一种潜意识的"表演模式"？社交工具反复训练人的"表演欲"，直到这种欲念成为肌肉记忆，融入思维链条。秀一张照片、贴一段视频，都是为了被观看，为了获得赞美，为了填充虚荣。显然，一部分人被观看的价值已超过了自我存在的意义。我们离单纯的客体存在、纯朴执着的理想之间的距离便是这光怪陆离、感官刺激的景观时代。

绝大多数人都在睡着，但那些清醒过来的人啊，我们——

还是要努力剥离掉自身的景观存在，推翻已被物化的世界观，成为自身意义的探索者与定义者。

圆润人际须照见自我与他人

3

"共情能成为连接你与另一个生命的桥。"

真诚是稀缺品

一个人的真诚度是这个人与他所言之间的距离。

人的表情语气会暴露他的真诚度。相比墨守成规的表达，宽敞直言会带来"真诚"的意外，即使那意外很细微。

一次对话的质量取决于两个人真诚的交付。这种对话注定是稀缺的。

现实中，人与人之间有着天然的信任鸿沟，能跨越鸿沟交付自己的人很少。所以，每次遇到这样全然应该袒露心底的朋友，我都由衷感激这种信任。

人对真诚有敏感的标尺，一次合拍的对话，是彼此的戳中，彼此完成了衷诉的抵达。

　　一方不够真诚，或阅历不够，都会带来另一方的隐隐失落——你知道，靠你的一厢情愿，并不能进入那扇心门。每一次对话在某种意义上都是能量的耗用，于是，每一次对话都是探险，新人旧人都如此。

　　当你坦露自己时，是渴望着表达上的回报的，当缺乏回报时，之后的对话都会成为客套的发声，发声却未表达，这是社交的常态。

　　在我对人的评判尺度里，我把"真诚"放在很高的位置。毫无保留地交付是天真，也是自信，更重要的，它意味着这个人有很强的安全感。

　　而那些客套的发声，它们如此礼貌，如此悬浮……

　　我情愿获得真诚者毫不客气的冲撞。

什么样的人是大将之才？

我跟一位投资人谈到这个问题，他认为这是个无解的问题，但我天生喜欢钻研难题，总结规律。

过去十年，我身边有不少同学回国创业，或加入中美各式创业团队，他们直接或间接的经历给我提供了一些观察样本，另外，自己也积累了很多年工作与人事体悟，见过事业极成功之人，更重要的是，我喜欢读硅谷人物传记，在阅读过程中，商业领袖们的共同点逐渐闪耀出来，虽然关于人的图谱与纬度极其复杂，但还是有可追溯的共性。所以，我把这些共性粗略总结一下，这些共性不光是关于创业，也适用于职场。

我发觉绝大多数人都对自己缺乏理解，他们的事业发展也极其被动，因为他们不知道自己的热爱与向往。也许，通过对照这些极端人格与图谱，大家能更好地揭开自己、了解自己，从而找到更适合自己的路径。

大将之才 = 深思考 + 强执行

我把工作（包括创业）所需的能力简单粗暴地划分成思考力与执行力，然后根据深浅与强弱四个象限分成四种人格。首先，容我来定义一下什么是深思考与强执行。

深思考：具有深思考之人必有极强的学习能力，创业对很多人来说就是边学边做的过程，只有具备快速自学能力的人方能不断精进。不过，快速学习具体技能还不足以达到"深思考"。深思考之人必有独特的思维视角与深入的分析能力，我认为，可以继而划分成两种思维力。

理性思维：指擅长找到商业、技术等的基本规律，然后通过撬动某些变量，放大预期效果。这种思维能帮助最优化企业具体的运营细节，比如营销优化、财务管理、技术迭代等。

人性思维：这是一种极其稀有的思维能力，建立在广泛阅读与不断思考上，指的是能透视游戏中每一个利益方（包括消费者、员工、上下游商家、投资人等）根本的甚至是潜意识的诉求，从而制定出利己多赢、克敌制胜的大局战略。因为商业必然涉及多方不同的"人"，人之复杂会让理性思维不足以应对，所以，掌握人性思维的人便能更好地掌控形势。

强执行：强执行绝不是单纯指做事速度快，而是指能在最短时间内用最少的成本实现最大化的目标，这种强执行力本质上反映的是一个人果敢决断、快速执行、敢担风险、不畏后果的赌徒式性格。具体来说，体现为以下两方面。

胆大心细：大将之才都必是勇者，谨小慎微的人顾虑过多，从而影响执行效率，不敢对自己的判断下决心。但是，光胆大而不心细，只是有勇无谋而已。

目标导向：创业从来都是目标决定一切，有点像打仗一样，过程不重要，结果却是非生即死。美国近代的军事管理也引入了任务式指挥的军事管理理念，即告诉士兵"是什么"和"为什么"，让他们自主决定怎么做，结果最重要。创业之人必须对自己以及对团队有明确的目标导向意识。

现在，我们便可以根据这四个象限，来粗糙定义出这四种人格：

大将之才：这些人拥有深思考力与强执行力，自我控制力强，最适合创业，并且无论创业还是在职场中，他们都能轻易凸显于众人。这些人的普遍个性表征——激烈、旺盛、自信、乐观、果断、胆大却理性、算计、专注、高度自律，成功欲极其旺盛、缺乏同理心或者说不敏感于他人情绪，另外，一般都是"抛家弃子"类型的工作狂。

学者型人才：这些人具备深思考力，但是，在执行力上偏弱，之所以偏弱，可能是精力不够旺盛，思虑较多，照顾家庭，担风险能力小，更享受思考而非形而下的具体事务操作，这些人更适合"军师"类工作，比如咨询、战略设计、投资计划（主要是对冲基金、私募等注重策略的投资）。这种人的普遍个性表征——慵懒松弛、精力体能一般、理性、算计、清高、拖延、 保守、 注重生活品质、没有强烈的成功欲、不够专注、散漫放纵、具有同理心并且敏感于他人的看法情绪。这种人不适合创业当 CEO，但可以在创业团队或企业中负责涉及战略等的具体事务。我之所以对这种人格描述较多，是因为这种人很容易被自己和他人误解为大将之才。

职场型人才：这些人在思考力方面比较平庸，也缺乏不断阅读与学习的兴趣和自律，但他们能在既定时间内完成既定的目标，执行力较强。这种人需要企业给予明确具体的业绩考核指标，最典型的岗位即销售。职场型人才是白领阶层中最普遍的，涵盖了企业里绝大多数中高层人员，也涵盖了高校优秀学生。

流水线工人：这些人思考与执行力都偏弱，从事可重复性工作，不仅需要企业给予具体的业绩考核目标，还需要给予工作过程指导，这种人轻易就会被取代，在人工智能时代，他们可能会最先被机器淘汰。

人格的转换

这四大象限的"极端"人格之间可以互相转换吗？在某些具体行为上，个人是可以通过训练来修正与加强某些人格的，比如阅读与思考，不过，这些都需要长期的累积才能融会贯通，酝酿出自身独特的思维与大局观，绝大多数人达不到。

另外，要说明的是，一个人独特的思维能力，跟其个人的经历、思考、阅读、社交群等相关，而与其考试成绩完全无关，我见过太多平庸的中美名校生，思维乏善可陈，只是擅长考试，走"正确"的精致利己路线。

关乎天性上的东西，人格是无法改变的，比如一个人天生的体能精力是否旺盛，一个人是否有极强的成功欲，一个人胆子是否足够大，一个人是否有担当与责任感，一个人的专注与自律，等等。所以，我的结论是，人格之间基本不能转换。正因如此，大将之才实为难得，因为他的人格中有天成的部分。

创业 = 找人 + 找钱 + 找方向

创业初期，重点在找人、找钱、找方向，三者密切相关。

找人难，更难的是识人，得人心，并让此人发挥他的所长。这就是所谓的"德者，人之所得，使万物各得其所欲"，本质上，这是一种让"人"与"职责"匹配的智慧。

无论是初创公司，还是成熟的公司，其每一个岗位背后其实有附着的隐性人格，比如，如果你让一个做律师出身的人去负责销售，或者让一个创意型人才去负责会计，即使这些人背景极其优秀，但都会产生错位的用人失误。

有些专注技术的团队，在初期找方向靠的是理性思维，也就是不断试错、迭代、优化，但是，技术从来是不够的。

在涉及技术的应用场景以及最终的商业模式时，有人性思维的人就会很容易出挑，因为他们会对消费者、整个产业链的上下游、竞争对手、商业布局、推广策略、管理制度、激励机制等发展出独特的基于人性本质的视角与谋略，最后用奇招战胜对手。在人性思维方面，军事、历史、哲学等书籍都是训练习得的利器。

总而言之，大将之才绝对是万里挑一的人才，如果你"一不小心"就是这样的人，或正在跟着这样的领导干，一定要好好珍惜，为改变世界而奋斗不息。

职场上的岗位人格

一个公司有不同的岗位，每个岗位指向着不同的技能。然而，每个岗位除了技能要求外，还背负着独特的岗位人格。

比方说，销售岗位的人格一般是大胆直接、勇担风险、八面玲珑；做市场的人格需要创意无限、思维有活力、善于社交；财务人格须细致严肃，生活中善于处处优化；法务人格应该普遍保守谨慎，需处处规避风险；做人力资源的，则需要细致敏锐、表达清晰、胸有城府；做研发的，要沉稳耐劳、低调少语……这些岗位的人格正好形成互相制衡，推动企业在开创与保守的"较量"中稳步前行。

当然，岗位人格因行业不同可能会有所不同。

技能、工作、学历都可以从简历中筛选匹配，而人格特征却需要更多对话与互动才能捕捉到。

面试是表演，就像热恋中的人都想要表现出最好的一面，所以，真实的个性会被表演掩盖，好在一个人的语气、表情、用词、小细节还是会不停暴露出其人格特征，甚至一个人的家庭背景、生活状况、年龄经历都会表露其个性的底色。在一些深度技术岗位上，人才的甄选也许主要参照技术实力即可，但在一些普遍性技能岗位上，人格特质的重要性会占上风。如果只关注技能而忽略了岗位人格的匹配，最终会造成错位而带来的低效。

举个例子，如果把一个法务人格（保守谨慎）的人放在了市场推广（需要大胆创意）的位置上，即使这个人有符合岗位需求的工作经验与技能背景，也不可能表现出色；而如果将一个销售或市场类人格的人放到财务或法务的位置上，也会造成错位的磨损。今天的时代，技能的更迭在加速，不少职位都需要人不断学习新技能，而岗位人格特质却是相对稳定的，所以，我在想，岗位人格的匹配也许会比技能本身更重要。

当然，最完美的人才一定是岗位技能与人格匹配的重合。

公司平台与个体价值

在大公司，每个人都是"螺丝钉"，可被替代。大公司之所以是大公司，就是因为它已系统化了制度，自动化了流程，使整台机器的运作不再依赖个人（除了最高决策者）。

大公司的平台价值远远大于个人价值，这也是为什么不少大公司高层出去创业难成功，因为他们混淆了大平台带给他们的强劲资源与靠自身获得的资源。大公司的好处在于，机器稳固运转，工作与未来可预期，生活稳定，公司附加价值多。大公司适合那些需要现金流、需要外界给予纪律与人生目的的绝大部分人群。

在中小型公司，一般缺少固化的体系和流程，机制比较灵活，但人员流动也大，每个人可以体会类似创业的自主工作方式，个体如果找到合适的岗位会在组织内部施展很大的影响与创造力，适合那些有一定自我管理、自行约束，但又需要存在感、不希望被管制过多、牵扯过多人事的人群，当然，中小组织的人员流动性与相对不确定性会增加个体的紧张感。总的来说，中小型公司适合那些热爱自由，渴望施展才能，但又不能承担创业带来现金流不稳定风险的人群。

创业，对大多数人来说，最难的在于要在混乱无序中找到秩序和方向。不要小看这种能力，绝大多数人不具备这样的心理素质和个人能力。天天要思考今天干什么，生活、现金和未来都充满不确定与恐慌，失去秩序和纪律，这种生活其实是非常难受的，所以，绝大部分人并不能负担创业的不确定和高压力，能胜任并成功的都是人中龙凤。

每个人都要根据自己的个性特长、生活状况来找到最适合自己的平台。

人的多面性

一位同事患癌症去世了，我跟他不熟。在他的讣文中，我得知他有三个孩子，结过两次婚，第二任妻子是亚裔，结婚过程很特别，因为他是某个宗教的教徒。

这个宗教始于韩国，会举办大型集体婚典，未婚男女会被配对、结伴、受到祈佑，而这个同事便是通过这个方式与第二任妻子结的婚。他的生平因他遗孀写的讣文而立体了起来，否则，我所见闻的只是他因化疗而清瘦的样貌，以及他二十多年工程师的资历。

某日我读到一则新闻，主角我认识，正因为与其打过交道，才发现新闻所述与我所识柜距甚远，内心不由产生些许荒诞感。我们每天穿梭于人群，遇见一些"人"，却总是在用自己的侧面与对方的侧面打着"淡如水"的交道。一个人可以呈现多棱的侧面，甚至侧面与侧面之间可以彼此矛盾，取决于相处的对象是谁，以及人生的阶段在哪儿。也因此，对同一个人，曾与其有过交集的不同的人可能会有截然相反的评价。

我有个朋友孜孜不倦地喜欢跟人探讨对同一个人的评价，如看法相左，便举证若干——无非是谁谁谁说、谁谁谁认为——来证明或反驳你的意见，要达成个共识才心安，颇有对历史人物必须盖棺定论才翻篇的意味。然而，人的表层是流动的，人的底层是深不可测的——甚至人对自己都缺乏深层的注视。人注定是多元复杂的，任何评价都固定不住人的流动，更何况每个人的评价体系又囿于其个人视野，毕竟每个人只能见到与他本性相符的其中一面。

所以，与其听任他人的评价捆绑你的观点，不如相信自己的亲见亲闻，那些道听途说的无不是透过他人的棱镜，无不是透过他人的价值观。这样做也许是一种胆大妄为，然而，人还是要相信自己的直觉。当一个所有人都唾弃的人赠你一支玫瑰，你也要相信，这个人心中存有良善与美。

"共情"的素养

最近这几年，因为工作的原因，我反反复复在提的一个词就是"empathy"，可以翻译成"同理心"，不过，"理"这个字听着有些冰凉，当你让自己站在另一个人的角度看问题时，往往需要调动情感和情理，所以，我更偏爱"共情"这个翻译。必须承认，这可能是我年轻时最缺乏的能力，年少时，对人与事的判定都是单维的、决然的，以自我为中心。不过，后来我审视了一圈，发现这其实是人普遍缺失的素养，而我们常说的情商正是建立在"共情"之上。

"共情"是什么？是一种代入能力。暂时忘记自己，进入另一个人的身份，根据他的背景、经历、个性等，设身处地，了解他的感受、情绪与决定。为什么需要"共情"？因为一千个人就有一千个视角，每个人都自觉不自觉认为自己是最对与最重要的，这种自我中心主义让每个人天生便是认知与判断上的暴君。"共情"让我们放低自己，沉浸于他人的处境与视角，是为真正的慈悲。

几年前，常会看到老人跌倒、路人见死不救的新闻，然后，大众一边倒谩骂路人。

一个路人见死不救是偶然，多数路人见死不救便是个现象。这时，我们需要的不是满腔正义感地站在道德制高点谩骂，而是共情代入式的自我审视——假设我也是其中一个路人，我会作何选择？为什么？如果我也见死不救，是什么阻碍了我的善行？这才是益于己、益于团体和社会的思考。

在公司环境下，"共情"会让一个人行事与表达更周全、周到。当一个员工能尝试理解领导的更高视角、工作重心、情理情绪，他才能消减自认为的"怀才不遇"，成为一个更积极与成熟的人；而当一个领导能真正明辨员工的特长、渴望与性格时，他才能更合理地分配任务，激发员工的热情，助力团队成长。

在商场竞争中，"共情"还能帮助人更好地审时度势，推衍竞争对手与合作伙伴的商业逻辑、思虑决策，从而能在"知己知彼"的情况下谋定而后动，下好每一步棋。而在人际交往中，"共情"也会成为润滑剂，它能让你在理解他人的同时明察自己的偏见。行至更高处，"共情"是基于对人性理解之后更高级的一种内省与智性。

叔本华对人性曾有此番洞见："我们对别人的基本倾向是嫉妒还是同情，决定了人类的美德和恶德。每个人都具有这两种完全相反的性质，因为这些性质产生于人在自己命运和他人命运之间所做的不可避免的比较……"

人与人之间，走得越近，越容易彼此对照，此时，嫉妒或同情便会决定关系的走向。嫉妒真是人与生俱来难以消除的卑劣人性，而同情常常只是对他人"痛苦"的感同身受，你很难对他人的"幸福"产生同情。从这个意义上说，"共情"是对"同情"的超越，它让你代入另一个人，去体会领悟他的私欲、道德、纠结、情感与心智，然后反观自己。

世上的人，都是有多少快乐就有多少烦恼，谁也不比谁强多少，人与人之间——在根底上——总是相似大于相异，这便是"共情"的基础。我常常会觉得，人生就如海上泡沫，升起、破灭，从无到有、从有到无。泡沫的聚拢有如人的相遇。人与人在底层都是互联的，就像海洋是泡沫的根底，所以，我们才能在彼此眼中照见自己。

当明晰了人性之普遍性后，"共情"会成为连接你与另一个生命的桥，就像叔本华说的，"自我与非我之间的区别便消失了"，有了这座桥，你会获得更丰盈的情智体验、更充分的自我照见，这些都会帮你成为一个更好的人。

体育教育与合作精神

为什么在美国的印度裔企业高管比华裔高管多很多？这是北美华人常会谈到的职场问题。

探讨结果无非是印度移民英语优势明显，更懂西方文化，情商更高，互帮互助；而许多华裔不仅英文逊于印度裔，缺乏城府，且毫无抱团意识。这其实是一个非常复杂的文化教育问题，而我只想从一个很小很小的角度来谈一下这个大问题。

有一次，我跟一位印度同事闲聊起他们的教育制度。发现中印教育其实有不少相似之处：高考重压下的应试制度，重理工而轻人文，过度强调分数与排名……其实，看印度电影《三傻大闹宝莱坞》便能找到不少共鸣。然而，这位同事提到了一个有趣的点：印度中小学非常重视竞技类团队体育。

　　我之所以对这一点印象颇深，是因为我曾读到过康奈尔大学发表的有关团队体育与领导力的研究。这个研究发现，美国高中生里参加竞技类团队体育项目（比如曲棍球、橄榄球、足球等）项目的要比其他同龄人表现出更卓越的领导力、团队合作能力以及自信，并且，这种个性优势会贯穿他们的职场生涯。事实上，华尔街就招收了不少在校时参加团队体育的运动健将们。

　　我在想，不只是团队体育，任何形式的团队合作训练（比如小组合作写报告，做项目等），都能强化与人共事的能力。与人合作、领导力、情商不只是天赋，都需要后天的反复磨砺才能精进。团队合作能锻炼人的多重能力：沟通、领导、协商、执行、究责、激励、自律等等，每一项都是职场与人生进阶之必备。

　　很可惜的是，过去中国自小学到大学的教育很少提供团队合作的必要训练。中国教育过分强调个人与个人的竞争，连体育考试也都只立足个人。从小升初到高考，每一次升学都如千军万马过独木桥般惨烈，同桌的你也是考场上的敌。这种氛围在高中尤甚，同学情谊间又杂糅着竞争情绪，明争暗斗是常态。正因为未经受过与他人合作的长期锻炼，刚入职场的中国毕业生会显得情商不足、缺乏能动性，心理与行为都要比美国与印度的同龄人稚嫩不少。并且，越是学霸越易出现这样的症状，自小因为成绩好而受人优待，抛开成绩砝码之后，他们反而不懂得该如何与人相处、与人合作、与人分享。

　　印度同事最后跟我说，团队竞技让他们学会如何合力达成目标。他们深信，只有通过赋能他人，才能让自己更强大，毕竟，一个团队合力所能达成之事比个体之和要大。

嫉妒的天性

嫉妒是人的天性之恶，所有人都无法幸免。它会让人憎恨不平，所以，理应被意识到并得到抑制。

然而，人往往缺乏这种自我意识。当嫉妒涌上来时，人会不由自主地被这头情绪的猛兽牵引，做出不理智的行为。

嫉妒一般发生在同性之间，嫉妒之心"无所不包"，容貌、婚姻、财富、地位、才华……都能引发嫉妒。人通常不会嫉妒与自己相差很远的人，就像一个平民不会去嫉妒首富；人最容易嫉妒与自己接近并有交集的同类，因为相差不大，所以彼此会不自觉地进行比对，并因落差而嫉恨。

人的负面情绪很多都来源于嫉妒，因为人的处境并无绝对好坏，只有相对好坏，一旦人在对照中看见别人胜过自己，便有了嫉妒的诱因。

人都热衷往上看，却很少注视位处弱势的人，因此，人更容易看见胜过自己的人，而不会去关注和同情比自己不幸的人。嫉妒之心很难平息。若有超越对方的可能，些微的嫉妒还能成为助推力。更可怕的嫉妒发生在你知道自己不可能成为那样的人，于是心生怨恨，甚至暗中作梗。

嫉妒可以消减吗？

按照叔本华的说法，嫉妒与同情相互对立，嫉妒会在人与人之间筑起一道坚厚的墙，而同情则使这道墙变松变薄，甚至彻底把它推倒。所以，要消减嫉妒，就不要只看见别人貌似繁华的幸福表象，要联想到其表象背后的不易，进而对他人产生更多理解，即使达不到同情的层面。

其实，他人幸福与否并不在我们肉眼所视范围内，你所能看见的永远只是物质名利的堆叠，而那些跟一个人幸福与否关系并不大。

举个浅白的例子，看朋友圈会给人一种所有人都幸福美满的假象，每个人都喜爱把自己的光鲜公示于众，但这并不代表他们生活的实色，甚至不代表他们贴出照片那一刻的真实感受。人都不愿暴露自己的不幸，却愿意刻意渲染偶有的幸事。

事实上，如果一个人能更深入领会人性，便能理解叔本华的另一句话："生活中值得嫉妒的人寥若晨星，但命运悲惨的人比比皆是。"

嫉妒可以消减，却无法消除。虽然人都会嫉妒，但每个人表现出的行为却不尽相同，这背后便是人与人之间修养的差异。修养不俗之人会意识到自己的嫉妒，从而警惕言行表达，同时，会专注开拓自身独特的优势与能力，转移嫉妒与攀比心。站到嫉妒的另一面，作为被嫉妒之人，唯一可做的，便是与嫉妒者保持距离、保持低调，毕竟嫉妒易起不易熄。

人容易嫉妒他人，但也很容易因一些幸事而自鸣得意、引人反感。因此，人应时时保持一种清醒的节制，如果你不希望引发他人的嫉恨，进而干扰自己的情绪与生活。

自私的抱怨

我似乎不曾遇见过一个不抱怨自己工作的朋友。

这似乎在告诉我们，世界上没有完美的工作，但我觉得这更反映了人是多么利己的动物。每个人都会不自觉将自己的利益视作宇宙中心，希望在工作中受到关注、得到肯定，然而，公司，以及任何一个组织，从来不是围绕单个员工运转的。每个员工对企业的了解只局限于豆腐干大小的片面信息，他们的抱怨也很少能有建设性的价值。在一个企业里，每个员工只能看见一棵树上的一片叶子，只有最高决策者能见到整片森林，然后根据全局做出战略决策。一个公司的资源有限，这也意味着每个决策都会牺牲一些人，为了另一些人。个体的利益在大棋局中是无足轻重的，就像一片叶子对一整片森林来说微不足道。

人会在利益受挫时对公司充满怨气，但一个雇员并不是被雇佣来当"中心"的，而是来完成本职工作的——这是基本的契约精神，而本职之上的野心抱负、提拔加薪都是得之你幸、不得正常的事。

以我的经历与观察，一个人在职场中遇到一个有话语权的好老板，并受到栽培器重是极其幸运的事；而遭遇平庸之辈，受限于职责所在才是职场常态。人总是混淆了常态与非常态，并因看到极个别人的幸运而对自己的常态之境心生抱怨。抱怨会给自己与他人传递负能量，不仅不能起到改善现状的作用，还会进一步影响工作表现，形成恶性循环。

如果明确了自己"错位"的窘境，那可以去找到更适合自己的位置，而不是抱怨环境，如若找不到更好的机会，更不应该把自己的无力转嫁到对公司的怨气上。撒切尔夫人曾说过，人总是对社会有诸多抱怨，但其实只是在把属于自身的问题或不幸投射给"社会"……人应努力靠自己解决问题，自己照顾好自己。我虽然并不尽然认同她的观点，却赞同这种处世姿态。

我想，人本心都不愿将失败归于自己，于是，对他人、对公司、对社会的抱怨成了个人失败的主要替罪羊。然而，正如萧伯纳所说——"理性的人使自己适应世界，而非理性的人总是坚持让社会适应自己。"抱怨是最无力也无效的抵抗，与其抱怨，不如用抱怨的时间去使自己成为更有能力的人、找到更适合自己的事。

人的修养在于克制

人的修养体现在自我的克制。

人性在每一个人身上都存在，而人与人的差别就在克制——包括行为与言语的克制。敦厚慈善之人克制了自己的私欲，忠贞不渝之人克制了自己的爱欲。

然而，还是不要对他人有过多期待，能懂得自我克制的人极少。行为上的克制需要用力，言语上的克制却是人最忽视的地方。有些人总认为是因为自己个性直率，所以言语犀利。其实恰恰相反，人"犀利"是因为克制不了自己的人性。

有一点关于人性的矛盾之处在于，大多数人都会把自己放在"正义的""弱小的""受害的"一方。那所有说教就失去了意义，说教总有对与错的两面，如果所有人都自认为是对的一面，那就不会有纠错的发生。

所以，人的"反思"和"内省"是极其困难的。大多数人缺乏这样的素养，年轻人没有，甚至老年人都没有。

那些懂得"反思"，把自己投射到"错"的一面，懂得自我纠错、自我克制的人，是极其少数的真正值得尊敬的人。

敏感之美

没有人不敏感，人的感官便是用来接触这个世界，并从中获得认知。人的感官相同，但因为人的出身、本性及处境的差异，会对不同的事物产生不同的敏感度。感官只是途径，人的意欲却决定了人会从外界采撷到什么样的信息。每个人都是敏感的，只是敏感的点不尽相同。

一心赚钱的商人会把自己与他人的关系都打上交易的标签，名与利的信号会最先触动他们的敏感神经。

一心塑美的艺术家对给他带来新的战栗的体验与景致都会格外敏感。

一心求慧的哲学家对世界、他人与自己都充满好奇，他们希望深入表象之下、探求宇宙与人的奥秘，所有异动的表象都能触发他们的思考。

一心创作的文学家观察着身边的人与事，那些充满戏剧冲突的日常都能打动他们的敏感。

一心求新的设计师敏感于一切让生活更轻便，或是更糟心的创意，随时随地捕捉着设计的灵感。

有些人是天然的洞察家，敏感于他人的表达与行为，并能推断出每个人的雄心与惧怕。陷入爱情的男女会敏感于所爱之人的言谈，甚或是他 / 她与别人的对话，任何一句无心之言都能令他兴奋或低落或吃醋。

……

有些人敏感于自己的敏感，甚至刻意否认自己的敏感。其实敏感本身无错，只是他们敏感的点导致了他们的不悦。比方说，有些人过度在意别人的评价，以至于影响了自己的心绪与工作，这就得不偿失了。

还有些人会说"我不在意别人怎么看我"，但事实上，极少人（有可能是没有人）能真不在意，这样说的人往往是意识到了自己的言行并不合众，他们抛出这一句其实是在为自己的言行做出合理化的自证，但这些人依旧敏感于别人的想法与反馈。

其实，受困于敏感而怪罪敏感是无用的，但人可以尝试调整敏感的对象。比如，当你意识到他人的评价对自己的干扰时，有意避开面对这些"评价"，更专注手上的事，当觉知的对象得到了转移，心绪自然能得到调整。

我在想，在任一领域作出成绩者都应该是极敏感之人，艺术家敏感于美，企业家敏感于消费趋势，投资人敏感于市场动态，医生敏感于症状细节……

人还是要感恩自己的敏感，因为它会为思考与创造不断提供养分。

记得萨特好像说过，男人会由于发展智识而丧失了原有的敏感度，于是，需要靠女人把灵敏的感受性重新揭示给他们。

没有敏感，便无法觉知这世界的生动；没有觉知，生活就容易堕入麻木。不过，只是单纯被动接受敏感的牵引，人便会陷入重复性情绪的条件反射中。如果人能积极引导自己的敏感，让觉知作用在正确的对象上，便能最大化感官的工具之效用，并让内心的灵敏激发出人生的智慧。

青春的凶猛

有些年轻人会莫名担心走出校园之后，个性即被社会磨平。然而，在我看来，年轻人的个性是放大自我的表征，那不叫个性，那其实是自私。

个性与融入社会不矛盾，自私才与融入相抵触。

走出校园后，在利益的碰撞中，人才学会妥协与弱化私利；在经历的重叠里，人会摸索到一些规律，并开始懂得换位思考，之后，人才开始由狭隘进入开阔，由粗粝变得圆融。人的可爱都是在圆融之后，年少可爱的其实不多，因为在他们的小世界里，他们以为自己站在了世界中心，并认为这会延续至他们的生命。年少得志是要警惕的，少年受到了太多注视，会自命不凡，会认为一切好事都理所当然。

少年的言语要么膨胀，要么厌世，情绪如同青春痘一样散于字句，表达的其实都是荷尔蒙。

青春就是凶猛的，只有在回忆里才显得清新可人。年轻人对人世理解过于单薄，才会把"教化"真理化，把"正邪"绝对化。他们对所谓"正义"与"伦理"有着狂热的崇信，因为他们从未经历与体察过人性的复杂，也从未反思过自己的心理与行为。

年轻人对他人都有道德洁癖，却从不审判自己。年轻人在泄愤中相信自己是无瑕的道德卫士，却不曾明白真正的道德都要基于自我反省，而非指骂他人，因为你永远也不知道，当你身处被骂者之境，会不会做出同样的选择。所以，比起青春的唐突与凶猛，成熟之人身上更散发着豁达平和。不过，成熟与年龄并不总相关，最好的搭配是那些早慧的年轻人，他们外貌青涩，却处事沉稳，给人以智性上的惊喜。

这样的人一面是天赋，一面是家庭，一面是阅读，不可多得。诗人总是过度赞美青春，而我却感恩流年软化了人的刺，经历让人圆融。

时间是不会平白流走的，它会进入人，消散在身体，溶解进思想，给人以宽阔与理性。

人生无须太着急

那天在看张泉灵的一个采访，她说，人生无须太急，我在 26 岁的时候就到了央视这样一个大平台的大栏目当了主播，那未来十年二十年我还应该去做什么呢？这话跟张爱玲著名的"出名要趁早"刚好相反。不过，张泉灵讲这句话时已过了不惑之年，而张爱玲发表这句话时才 24 岁，这是在两个不同人生阶段截然相反的心理状态。我有个朋友，当年高考失利，后来靠自己的努力学业事业一步步精进，在快 40 岁时，她跟我感慨，人生一步一个脚印渐进式上升更好，早早功成名就，反而让未来不短的人生显得疲乏无力。

其实，无论是少年得志，渐进上升，或是百转千回，都不失为好的人生体验。但问题在于，并不是每个人都能驾驭好自己人生的波浪线。

从身体与心智来看，我们每个人的人生，都在经历同样的曲线，从青少年时期的精力旺盛上升到中年的心智顶峰，然后逐渐滑坡至老年的衰老迟钝，没有人能躲避这样的规律。渐进式的上升其实最符合人的身体与心智发展波线，它所回报的是沉稳踏实的不懈努力，它鼓励的是个人的自信与乐观，通过这样的叠加，人会相信未来会更好，自己能取得更多成绩，或者说能收获更丰富的体验。

少年得志则不同，少年得志者在人群中比例极低，属于天时地利人和一个都不能少的稀有状况，虽然个人的努力也很重要，但天时地利因素似乎占了更大的比重。

他们的人生所要面对的，是这么年轻就站到了镁光灯下，被万众瞩目，被议论、被消费、被不可避免地挑刺，更让他们担心的是，也许不久万众就会失去兴趣，转向另一个新人。毕竟，没有一个公众人物的名声能长久不衰，被万众瞩目的人也必然会被万众的眼光所绑架。他们的人生曲线在还未到心智成熟时就被突然拔到一个巅峰，巅峰再往前，看似都是深渊，因此他们渴望延长站在巅峰的时限，但在这样一切都在加速的时代，这其实是不可控也不可能的。

更危险的是，得志的少年容易自负和膨胀，不具备理性与自制，不知如何对付流言、处理蜚语。少年得志看似短瞬间光芒万丈，但它所滋长的往往是不利于长远发展的个人品性，比如过度自负、极度依赖他人眼光、完美主义、表演型人格、关注饥渴症等。演艺圈这样的案例尤其多，比如林赛·罗韩和"小甜甜"布兰妮等等，年少成名，之后却陷入巨大的心理与人生危机。普利策奖得主珍妮弗·伊根曾说过，"运气是伟大的馈赠，但如果只有运气，你还自我感觉良好，这很危险，会陷入危险的错觉里。"

少年得志便容易陷入这种"危险的错觉"，缺乏对自我的理性认知，缺乏踏实谦逊，也缺乏对未来合理的预期，最终很容易陷入人生后半段的"低潮"里自怨自艾。

当一个人享受过巅峰的光芒，也必然会要经受从巅峰掉下来的巨大的心理落差。这个巅峰到来得越早，站得越高，害怕跌落神坛的恐惧越大，未来的心理落差便会越大。所以说，"成名过早"不是问题，但它可能造成的问题是——人在心智稚嫩的情况下无法处理好被聚光时的心态，易功利短视，不易养成利于人生长远发展的价值观。当然，也会有一些教育得当与心智早熟的人能成功渡过这样的飞跃，不过这终究是极少数。

回到张爱玲，她三十多岁之后的作品产量、质量与影响力都无法跟青年时相比了，这其中当然有她移居海外与其他历史原因，但依然让人感叹她的黄金创作期如此短暂。同样是定居海外的严歌苓，人生坎坷起伏，但从青年到晚年一直著作不断，创作长青。再说回张泉灵，因为认清了人生的长度，她反而能不断为自己找到新的出路"即破又立"，在新的转向里完成一次次人生的提高与升华。其实，对我来说，人生的波浪线不全由自己掌控，我们能掌握的是自己的心态。

　　无论你有足够的天运实现年少成名，还是你有足够的努力天道酬勤，最重要的是要建立起沉稳的心态，从而能沉稳驾驭好人生的波动。

人际舒适圈

我们常说，人要突破自己的舒适圈才能获得成长，这话对也不对。

从技能的角度，确实需要走出舒适圈，让自己不断延展、获得历练；但从心性的角度，人会天然选择跟自己相似的人交往，这种相似未必是个性、职业和经历的重合，更多是精神上的，也就是人生追求与价值观上的吻合。

如果你追求的是随遇而安的人生境界，但却去结交务实和使命感强的朋友，那便会干扰你的心性；如果你更看重家庭的圆满和乐，却去结交以事业为纲的朋友，那只会话不投机自找没趣。人常会在意自己身体的安全，避免肉体受到危险有垢的事物的侵袭，却常常疏忽自己精神的安全，缺乏对会影响自己心性的人际与信息的过滤。

　　长此以往，直接后果便是"心性不定"——今天受到这个人的刺激，觉得自己赚钱太少，明天受到那个人的刺激，觉得自己工作不保……

　　人的焦虑、慌张、攀比等不安全感主要缘由是自己缺乏精神的锚，很容易受到外部的刺激，又缺乏理性消化那些刺激的智慧。所以，如果明知自己心性摇摆，还不主动筛选交际圈与信息流，那就等于把自己置身靶场，各种利箭射来，你却毫无抵抗力。

　　世界上绝大多数人的生活与追求是极"主流"意识的（或者说是无意识），这种主流是社会、家庭、教育、人际、舆论等共同塑造出来的，很少有人能脱离这种"主流式"的生活意识，很少有人去诘问甚至抵抗这样的主流意识。绝大多数人通过他们彼此的社交在不断强化这种"主流"意识——他们在相互的摩擦与攀比、鼓励与奉承里，完成了对"榜样式生活（无非是名校名企多金多房多子等）"的进一步顶礼膜拜。

　　所以说，你周围的人可能大多存在着主流崇拜，如果你不希望受其强化与影响，不如找到与自己类同的人交往，如果身边没有，那就不如与书交往。这大概是热爱阅读的人最宝贵的"朋友圈"，因为即使你发觉与周围世界格格不入，也总能在书里找到知音，与智者同行，这是你在任何人生境遇下都能通过"阅读"来实现的。

深厚的人

情绪稳定、胸怀广阔、思想包容，有矢志不渝的人生理想与宏大情怀。

外物不能动她，舆论不能移她，挫难无法阻她。

她始终保持冷静，保有悲观底色下的乐观。

她专注而诚恳，保持着表达上的精确与留白。

她稳定但又灵动。

她用沉默对抗嘈杂。

她用心做自己热爱的事，并知道此生的宿命是什么。

她用宏大对待人，心在高处、姿态平视、做事谦卑。

这大概是最让世人欣赏的一种人格，无论文化与国界。

4

一切美好的关系都须立足友情

"爱情可以成为婚姻的起点，
却不足以成为婚姻的支点。"

有关爱情的碎语

　　爱情激越、忘我，又沉重、有限。世人都为爱情所欲、所困。在爱情面前，所有理智、伦理、道德都能被轻易覆灭。爱情如格言——简短、真诚、强劲。

　　论述爱情也很难用理性流线的方式，毕竟爱如潮涌、涨落无序。所以，用以下短句来描摹，也许更接近爱情本身的宿命感。

　　爱情始于错觉，止于错觉的幻灭。错觉的升与落都根植于自己的欲望。人最爱的其实是自己的欲望。爱情到来时，恍若一道闪电劈过心空，遇见之人闪耀着光；爱情消散时，光芒尽褪，你才意识到他的凡常。没有爱情是永恒的，无论你如何完美，也无法阻止爱人恋上新的人，这便是人性。在爱情的终点，逐渐分叉出两条路：一条升华为亲情、友情，将两人紧紧锁住；另一条未得到升华，由此分道扬镳。

　　爱情是将两个人融为一个人；由爱情升华的友情是将这一个人还原回两个人。毛姆说过："最持久的爱情是永远得不到回报的爱情。"爱情的温床是——距离、好奇、猜忌与惊喜，而婚姻正处于反面。爱情无须维系；婚姻维系的不是爱情，而是两个人相处的方式。爱情会消减人的孤独感，而爱情的消散会进一步增强人的孤独感。人不该依靠爱情来对抗虚无，尤其对女人而言。

　　英国诗人拜伦说："爱情对男人来说只是生命的一部分，对女人来说却是生命的全部（Man's love is of man's life a part; it is a woman's whole existence.）"。

　　波伏娃认为，女人倾向于把爱情视为自己存在的唯一理由，然而，靠另一个人来佐证自己存在的意义很容易把人引向厌倦与权力斗争。

　　爱情的正确姿势在于缔造崇高的友谊，让彼此发现自我、达成自我、超越自我。

爱情与婚姻并不同

朋友推荐了电影《爱在午夜降临前》，看完才知道这是《爱在》系列三部曲的最后一部，于是，又把前两部快速了解了一下。

第一部《爱在黎明破晓前》，一个美国青年在火车上偶遇一位法国女孩，两人都二十多，一路相谈甚欢，男孩邀请女孩跟他一起在维也纳下车，女孩答应了。他们在维也纳共同旅行，聊人生、爱情、世界……度过激情一夜。第二天，男孩搭飞机离开了，他们相约六个月后再见。

一晃9年过去，第二部《爱在日落黄昏时》开场，当年的美国青年已变成作家，他把9年前的偶遇写成了一本书，来到巴黎签售，并终于和当年偶遇后又错过的女主角重聚。此时，两人都三十多了，男主角也有了妻子和孩子。

9年的平行时空并未让他们变得陌生，他们依然天南地北地聊，克制又克制不住，而男主角的航班就在日落之时……又过了9年，到了第三部《爱在午夜降临前》，此时，男女主角都人到中年。

9年前，男主角选择错过那个航班，离婚，和女主角再婚，生了一对双胞胎女儿。此时，他们一家正在希腊度假，男主角疏于陪伴与前妻的儿子一直让他内疚不安，也造成了他与女主角的很多家庭矛盾。曾经浪漫相爱的两个人回到了婚姻的本质，开始陷入生活的琐碎与拌嘴里……第一部是青春的放纵，第二部是成熟的浪漫，第三部是真实的生活。

三部连看，你会发现人常常会成为他们所说的反面。第一次邂逅，女主角曾说，我对一个人越是了解就越是能真正去爱他，他会梳某种头发，他会穿哪件T恤，他在某种场合一定会讲的故事，我相信那会是我爱一个人最真实的境界。而到了第三部时，两个人生活上的坦诚相见不仅不能让爱情升温，还会因为缺乏惊喜让两个人的相处变得冗杂繁琐。她开始对漫无止境、占据大量时间的日常家务感到厌倦和抱怨。

其实，如果我们把任一段关系从起点开始画一个图，那一定是一条抛物线——先从起点快速爬升到高点，然后，从高点以后，变成一条渐渐滑落的长尾曲线……前两部都在那个高点前，此时，双方眼里只有彼此动人处，即使经过9年，因为距离与想念，两个人的渴望并无消退，且在再次相遇后，一触即发。

第三部则是高点之后，激情褪下，是实实在在生活的袒露。

婚姻之后，两个人对彼此知根知底，生活开始以养育孩子为主轴，两个人不再是独立的个体，思虑行事都要以家庭为整体，也意味着个人自由的牺牲。就像片中的女主角，年轻时作曲唱歌，敏感有见解，婚后，被消耗在家务里，没有闲暇思考。曾经的才华是当年吸引男主角的诱因，而今却只能拱手让给生活细碎，这才是婚姻的真相。

爱情可以成为婚姻的起点，却不足以成为婚姻的支点。

人常会因为婚前的浪漫错估了婚姻的美好，但婚姻不是戏剧，婚姻是抛却浪漫的光滑之后粗糙的家长里短。

并非所有人都能忍受这种激情退离后的凡常岁月，事实上，大多数人都忍受不了，所以离婚与出轨才如此普遍。就像片中男主角，选择了离婚再婚，但其实，所有关系都会遵循同样的抛物线，世间并不存在一个完美的另一半可以让爱情恒温。

有人说过，爱情只发生在两个彼此不需要的人之间。而婚姻恰恰是这句话的反面。爱情是自发的情感，婚姻是外在的制度。爱情是欲望，婚姻是契约。

维持爱情的是多巴胺，维护婚姻则需要责任与自制。不过，无论是不停追逐稍纵即逝的爱情，还是选择长久凡常的婚姻，都是个人的选择。

我很喜欢在《爱在午夜降临前》里两位老人在餐桌上的感言——老先生在提到他与妻子的关系时说："我们从来都是两个人，而不是一体（We were never one person, always two.）"。

另一位老太太在回忆她去世的先生时说，我有时能记起他的所有细节，有时又忘干净了，他在我的记忆里出现又消失，像日出、日落，一切都那样短暂。正如我们的人生，我们来了，我们走了，我们对一些人来说那么重要，可最终，我们也只是擦肩而过……我想，他们都在传递一件事，人要在婚姻里保持独立人格，人与人之间——无论是什么关系——都是此生的"擦肩而过"。

保持自身的完整，尽可能减少婚姻带来的自我消减，降低依附于人的风险，才能抵达人之存在的目的。无论如何，选择了维护婚姻，就是选择了对细碎的付出与接纳。在一本爱情心理学的书里，作者罗伯特·约翰逊把情欲与婚姻之爱区分了开来，他把婚姻之爱比做"煮粥"——

"煮粥很低微，既不精彩也不激动，但它象征着一种把爱落到实处的联结。它代表了两个人愿意共享平常人生，愿意在简单朴质的琐事里找寻意义：无论是赚钱养家，节俭度日，扔垃圾，半夜给孩子喂奶……两个人真正的纽带建立在一起经历的那些日常碎片中：一天繁忙过后的静静谈心；彼此理解的温柔细语；每天的互相陪伴；在困难时期彼此的鼓励；意外的小礼物；下意识里爱的自发表现……"

　　我想，这既是婚姻无聊于情欲浪漫的地方，又恰恰是婚姻伟大和给予人力量之处。

伴侣何如，你便如何

有一友人，多年前初见时，感觉他有些功利钻营，眼珠子一转，便似乎在计算利害得失。其实倒也无妨，只是为人少了些率直与松弛。

几年后，在美国重遇，这家伙竟全然改变了习性，行事细微处都透着真诚与豁达，说话不再遮遮掩掩，顾左右而言他，让我甚为惊讶。后来，见其女友，才算明白因由。女孩诚实敦秀，待人热忱，想必是这姑娘的温柔乡感化了男生，两人不仅神似且心似。

于是后来，我看人便多了个心眼，会留意他另一半的样子。另一半不仅暴露了此人的审美与脾性，也多少明示了他未来的心性轨道。比如，若此人的妻子贤惠诚朴，某种意义上说明他为人不冒进；因了人的相互影响，我有理由相信他未来只会更诚朴，而不是走向反面。

听说有些投资人在评估投资项目时，不仅要观察被投资人，且会审视对方的另一半，想来确是良策。

一个人周边的圈子，总在或多或少影响你，从你选择交往的人身上看到你的品性与兴趣，从你拒绝结交的人身上看到你的原则与立场。这些人事与经历的层层叠加，便使你成为今天的你。而这其中最重要的选择，便是另一半。人生最长的旅程都会与此人共同度过，你们俩互相影响互相改变，最后两个人的脾性与价值观会在磨合中趋同。对那些不可爱的人，我总祈祷他们能找到个靠谱的另一半，就像是改变他们的最后一根稻草，若不幸选错，只会让两个不太可爱的人，一起变得太不可爱。

人生之美好，在于找到懂得彼此的人，一同经历，一同成长，一同衰老。年轻时互为老师，年老时互为拐杖，入土后互为陪伴。从一个人的伴侣，便能窥见这个人的真相。两个人最终会越来越像，成为彼此。因此，找个靠谱的人很必要。

两个人在一起，保持对话与交流很必要，有共同理想很必要。记得，跟假媚的人待久了也会世俗，跟趋众的人待久了也会木讷，跟"沙发土豆"待久了也会不学无术，所以，你的伴侣必须正直、慎思、好学。

人性的围城

第一次读《围城》是在中学，那时真是挤出时间来读经典。可毕竟没任何入世经验，十多岁的人无法体会书里的钩心斗角，人情交恶，只把它当一个久远的故事来读，跟自己和现实是脱节无关的。

如今来美国都四年又大半，入世经验依然不多，多的是人成熟后勤于洞察的本能或习惯，以及对着"人性之恶"越发多的反思和反省，于是，特意又从书架挑了这本来做工作之余的消遣，而这一次，不仅不觉得它是个故事，觉得它根本就是个写照。它不仅仅是个写意的山水国画，而是一幅精雕细作的工笔画，笔笔见血。

比如婚姻关系，方鸿渐与孙柔嘉的吵架多是围绕双方父母的互相瞧不起，孙柔嘉姑母陆太太的瞧不起，方家妯娌的瞧不起，瞧不起什么？无非是方家没钱，孙家没钱，方鸿渐作为一个海归的穷酸，等等。

比如男女关系，方鸿渐在跟孙柔嘉结婚后才意识到，结婚后娶的似乎不是原来认识的那个，恋爱时双方都将最好的形象展示给对方，而结婚后才发现褪去面具的对方原来是如此不堪或让人大失所望。方自觉那时对唐晓芙的热恋是无意义的，谁又晓得婚后的她是否依然能那么可爱呢？

比如同事关系，陆子萧、李梅亭、顾尔谦、韩学愈等等，都是表面友好背地里散播谣言、唯恐天下不乱，甚至像韩一样，还在背后戳你一刀。大家互相欺骗与被欺骗，韩靠着克莱顿大学的学历与强大的撒谎心理而升到了系主任，方鸿渐却反而因为良心有愧不敢冒充博士。

女人之间就更加是笑容背后的刀光剑影，方鸿渐说，女人是天生的政治家，在孙柔嘉和方鸿渐离开三闾大学时，范小姐与孙之间的寒暄感觉像是好姐妹一般，而背地里两人却互相埋汰对方。

比如兄弟妯娌关系，婆媳关系，情敌关系，师生关系，上司与下属关系……所有这些复杂的社会关系里的人心难测，都在《围城》的书里被刻画得惟妙惟肖，如今也仍存在着。

　　最喜欢的男角色还是赵辛楣，对朋友有情有义，对苏文纨也算情有独钟；最喜欢的女角色大概还是唐晓芙了，作为那个时代的女性，至少不做作，至少不两面三刀，至少倔强得可爱；与之相比的，苏文纨也好孙柔嘉也罢，都是"作"女典范。

　　钱老写这书是花费一番苦功的，《围城》并不以故事见长，论故事，都是些琐碎的家长里短；真正精彩的是语言和各种比喻。有人说，《围城》这书足见钱老是个刻薄的人，书里他对这些人物形象的描述处处没留情，处处是讽刺，可钱老至少还原了一个真实。

　　现实中，每一个人都可能有私心，都可能会在某个时刻"意难平"。这种真实的还原在钱锺书笔下是幽默尖酸的，而在现实生活里，则是一种可悲；尤其想到我们兜兜转转 100 年，人性的弱点还是那些，实在是一种讽刺与悲剧。

最好的男女关系

读到周国平谈论男女，他说，蒙田设想的最佳男女关系的公式为"肉体得以分享的精神友谊"，即性＋友谊。深以为然。

男女关系的起点始终是动物性的，也就是肉体的互相吸引。这点叔本华更尖锐，他认为，任何爱恋激情，无论显得多么崇高和不食人间烟火，本质上都根植于性欲与繁殖。然而，所有激情都如烟花般短暂，等动物性欲望淡却了，男女关系的质量更取决于两人之间是否能生发契合的友谊。

亚里士多德曾说，真正的友谊是"一个灵魂居住在两个肉体里（one soul in two bodies）"。

蒙田认为，珍贵的友情不仅提供结伴的温暖，还能让人更了解自身。他还这样评价好的婚姻："所谓的好婚姻更接近友情而非爱情。（If there is such a thing as a good marriage, it is because it resembles friendship rather than love.）"

尼采也曾说过，良好的朋友关系会成为婚姻的基石。其实，所有好的关系最终都是要落到友情，不光男女，父母与孩子之间，师长与学生之间，亲属之间……若要上升到形式之上的更温热的连接，靠的一定是一种对等的友谊。所有坚固的友情必然是精神上的吸引，是思想与道德上的琴瑟和鸣。茫茫人海中，找到动物性的激情对象不难，难的是找到心灵上的共鸣者。并且，精神上的同路是需要男女双方保持同步的，一方走快而另一方掉队了，久而久之，共鸣也会消散。

之所以幸福的婚姻稀少，是因为男女常常停留在了动物性层面便奔着生儿育女去了，等到动物性所致的幻象脱落，才发现现实里双方在心灵上难以补平的落差，这时，婚姻就变成了坟墓。

最完美的婚姻当然是男女在动物性与精神性上的双向契合，如若不能两者兼具，令精神持续契合，会让关系更持久牢固。

父母与孩子的距离

小时候看美国情景剧《成长的烦恼》，总会羡慕里面父母与子女的关系——那么平等，那么互敬，那么像朋友。中国父母则多是传统家长式的，与子女的相处更等级分明、更过多介入、更武断干涉。

一方面，中国父母愿倾其所有培育、支持子女；另一方面，这种牺牲并未换来和睦的家庭关系。也许，正是因为父母单方面过度投入与牺牲，让他们认为，子女服从家长的意志是天经地义的，完全没有考虑子女从来都是独立个体，有他们自己的思想与主张。

在美国，每次看到西方父母与孩子的相处方式，总是颇有感触。即使小孩只有四五岁，美国的父母也愿意把孩子当作独立个体看待，聆听、征求并尊重他们的意见。

反观中国父母，很少有耐心跟孩子平等交流的，甚至不让小孩插嘴、参与到家庭对话与决议中。

中国的父母与孩子，表面上看亲密，实则离得很远。因为缺乏对等的沟通、缺乏彼此的理解，心灵很难共鸣。中国父母提供的更多是物质上、生活上的支持，而在今天这个时代，孩子更需要的其实是精神上的交流。

这种代际隔阂在 80 后及他们的父母间尤为明显。他们父母人生的黄金岁月刚好经历了社会剧烈的转型，所以，他们父母的人生观更明哲保身。而 80 后这一代自身也经历了中国经济的飞升，全球化的浪潮，中西文化的对照，伦理道德观的紊乱等等。

这两代人的视野与经历截然不同，所以，要逾越思想上的鸿沟格外困难。比较明智的做法还是保持距离，既然父母不可能真正理解子女的既往与面临，那就不要过度介入他们的人生选择，相信并尊重他们，是对子女最大的支持。

我更认同平等的家庭关系，即父母生育了孩子，但并不占有孩子。在孩子离开母体的那一刻，他们便开始发展自己独立的认知、思想与意志，理应得到尊重。

　　父母与孩子的距离只会随着孩子的成长而不断扩大。孩子自有他们的天空去驰骋，父母则固守自己的家园求安稳，当你非要用家园的尺寸去丈量天空，不仅不会拉近你与孩子的距离，还会让他们感到受限、生发抵触。

　　父母与孩子最好的关系，就跟夫妻间一样，就是要变成朋友。这需要父母懂得放手，有自己的业余爱好，有育儿之外的人生追求。而很多中国父母都下意识里把孩子当作实现自己理想的工具，或是跟别人攀比的资产，并未把孩子视为独立的"人"，这对孩子来说，是很大的心理负荷。

　　一个孩子的健康成长不仅来自学校与社会的教育，更来自父母家庭的导向。对中国的父母而言，请记住，爱是尊重，爱是克制，爱是放手。

一个人远行

人的深层性格有稳固性，而性格的表征——尤其是遇事的反应——可以得到后天的修饰。有次和一个朋友聊天，她说，人在生活中的遭遇其实都能追溯到原生家庭，比如父母的品性、父母间的关系、家庭教育的方式……都会潜移默化影响自己个性的方方面面。

人的性格与行为很多时候是父与母的反射。在中国近代社会文化下，父母与孩子的相处很少是基于平等、理性、相互理解的，能抵抗住他人眼光和克服"唯成绩论"的中国父母比较少，因此，原生家庭给孩子带来的压力与负面影响不容小觑。举个例子，中国父母热衷催婚、催生，他们自己抵挡不住可畏的人言，便把人言对自己的绑架转嫁给了孩子。

还有些父母热衷于介入孩子的婚恋，但又不是以理智、共情的态度，而是以情绪化、利己的方式，去强化孩子本有的私利。其实，婚恋最需要的就是两个人打破各自的利己主义，实现两个人的合力与共赢，所以，父母的介入很少能有正向的。所以说，人要一个人远行，去找到你尊敬的人相友相伴，从而减淡原生家庭给自己打下的烙印。

人只有在看清自己个性上的"残缺"后，才会去投奔"完美"，而人很少能在亲情关系里照见客观的自己，所以，我们的远行都是为了获得另一种照明。

人也只有脱离了父母的"庇护"才真正开始了自我的修行，修行是"补给伴随着脱落"的历程。只有跟他人碰撞，人才能得到观照，获得补给的灵感，而每一种补给又意味着其原有负面的脱落。

想了想，出国这么多年，最感恩的还是遇到了心底真正尊敬的人，让我看见了自己的情绪、私利、欲念，并在这照彻中获得了进步的方向。

不必见

有些人，不必见。

当你未准备好时，见是一种失。

好的遇见是两个人的共筑，你来我往的撞击，需要相近的高度。

保存一种距离其实是更好的对望。

世间美景都是在丧失距离后失去的，景、物、人，都如此。

当然，还是要感谢那些值得仰望的人，人在仰望里能看到自己的方向。

时间的稀释

所有浓情蜜意都逃不过时间的稀释，人终归是无情的动物。长情者，长情对象并非彼方，而是自己的寂寞幻想。

很多人到头来爱的，只有自己。

很多当下的热情，都会在今后的回望里，显得油腻与讽刺。那些荷尔蒙激发的短促情感与情绪，总是轻易而廉价。最难的始终是那些绵长而平稳的情感，它们克服着波动，克服着本能。

经典的人际关系，与经典的作品一样，都要去克服时间的稀释。

美貌从不是人生的捷径

美貌看似是一种捷径，然而，这捷径的持久性太短，并不值得信赖。

美貌在年轻时似乎可以打开人生的很多路径，不过，选择过多，却也容易让人迷失选错，能在过多的诱惑中保持理性与自制的人毕竟很少。

看了林青霞、张艾嘉、胡因梦三位台湾二十世纪七八十年代女明星的人生轨迹，如果说美貌是人生的捷径，那她们便应该拥有最顺利的人生路途，但是，美貌与财富也许可以交易，但美貌与幸福却根本无关。她们仨，年轻时都风华绝代，倾国倾城，也都心系才子，情感充沛丰富。然而，青春逝去后，人生逐渐分化成不同的轨迹。往事成风，各自的人生本无所谓高低，只有当事人自己了解冷暖。相较而言，觉得张艾嘉算是活得很漂亮，胡因梦活得很独立，林青霞活得很克制。

张艾嘉应该是三个人中最受西方文化影响的，个性奔放，能量丰富，乐观自信。看她与许知远的对谈，许提到张艾嘉唱歌、演戏、导演都成了介入者，虽没有进而成为哪个领域的偶像，反倒促使她在艺术的各条航道上坚持至今。

想来还真是，张艾嘉似乎一直都有一种"边缘感"与"文艺气"，这与她一路成长起来所接触的都是台湾香港地区最杰出的电影人、音乐人相关，那群人有着丰满冲撞的理想，其实，整个二十世纪七十年代是文化精神自由绚烂的时代。不光是她，胡因梦在她的书里也提到过她那时在纽约受到的冲撞与浸染。

张艾嘉在生子结婚后，依然保持着创作与独立，虽人生经历过大起大落，但也都让她反思、累积，沉淀成了人生的智慧。如果说张艾嘉是通过外向的戏剧创作，去完成她的人生，丰富自己的精神，那胡因梦则是相反。在经历了爱情的风云痛苦后，她在 35 岁便息影，一心向内找，通过灵修寻找精神上的宁静，与自己达成和解。

胡因梦同样是很有才华并注重自身独立的女性，她内心有强烈的冲突，看她的书能感受到她父母婚姻的不幸给她带来的内心创伤，在她一头扎进李敖的爱，又被猛烈踢出李敖的世界后，她内心的孤独与撕裂想必很剧烈，成为她寻寻觅觅各种精神解药的契机。到了晚年，看她依然在坚持翻译各种书籍，想必是已找到内心的锚。

而林青霞，我感觉她反而是三个人中活得最受制的人。她善良、敏感、多情，却又被"大美人"的人设绑架过深，她太过看重世人对她的看法。偶像被多少人崇拜，就被多少人的眼光绑架。

从她的文字里，你分明可以读到一个识大体、人缘好、心细如发、多愁善感的人，但是，她也只是默默接收了一切，扮演好她的角色。她从17岁就开始演戏，她书里反复提到，人生的戏比戏剧的戏更难，因为剧本要自己写。而她这样一个受制于他人眼光的女孩，也就注定了她人生的剧本里不会有"自由"这两个字。

人生获得幸福很难，对女性来说，也许更难。美貌其实并不能让人一步踏入"幸福"，反而还会让人对人生有了更高的期望。

不过，有一点是确定的，人对自己人生的掌控力越强，越能保持充沛的探索与追求（无论是向外还是向内），并以此激励自我的爬升进阶，越能接近人生整体的圆满充实感。

消解起落

谁的人生不都是起落不定?

人与人的差别就在于如何消解"起落",在"起"时找回谦卑,在"落"时找到力量。

人在"浮"起来的时候有人敲打敲打,即使是来自恶意的嫉妒之人,也不失为一件幸事。人的心一旦肿胀起来,必然会走向偏狭傲慢,失去客观,更失去低下头来学习的谦卑,这其实是挺危险的心理状态。

而人在"落"下去的时候最需要有人鼓舞一把,若没有,就进入书中,在过往的传记与故事里找到力量。记得多给自己一些积极的心理暗示,祸兮福所倚,这世界真的没有绝对的好与绝对的坏,一切都是相对的、暂时的、流动的。这真是我们东方古老文化中极为智慧的视角。

从现在开始，把各种遭遇全都当成是你人生经验和个体修行的机会，人本来就是在遭遇问题和解决问题中成长成熟的。在各种挫折里去找到最佳解决方案——包括优化你的状态、平稳化心性、最小化阴郁情绪、避免将孤立的问题升级放大、避免受害者心理。

只有反复有意锤炼，方能对你的心性、情绪与面貌起到积极正向的作用。

你与自己

人生中最重要的关系就是——你与自己。

当你和你自己的关系被梳理清楚了，其他的关系也便疏通起来。比如，什么是好的男女关系？就是即使有一天你们分开了，你们各自也都将过得很好。什么是好的朋友关系？就是即使你和你的朋友都失业了，不再背负什么社会资源了，你们依然能谈得来、维系着当年的情谊。

所有的关系撇出了生存与利益的叠加，才能回复到其最核心的本质。当然，绝大多数人都做不到，婚姻关系很快就会沦为依恋模式与路径依赖；而朋友关系大部分成为资源对接与交换。大部分人一辈子其实也不懂得如何与自己相处。他们很快就被绑缚在一张又一张人际的网中，热热闹闹而缺乏自省地过完了这一辈子。

你与他人

很多时候，你看到的别人也许只是你自己自我的投射。

你看到的人的面相里有你自己的优点、弱点、欲望。当你评述一个人的缺点的时候，其实你也有，那个缺点被你共振识别到了。当你看到一个人的华丽时，你的物质欲掩盖了住对方其他的弱项。当你热爱某个人的个性时，你只是找到了自己身上的影子。

人与他人相处从来都很困难，每个人都坚信自己看到的就是全世界。光这一点就足够让个体痛苦，让人群争斗了。

某日看到一个演讲，演讲人提到，自己人生的目标就是让每一个与自己有交集的人感到被在意、被欣赏、被赞美。挺打动我的。毕竟大多数人只关注自己，把身边人当作过客，甚或工具。

把自己变大——格局与胸怀的宽阔，不只需要善良，而且需要乐观、大方、弹性和勇气。

勇气就是无论迎接你的是什么样的人与态度，你都有勇气去给予。弹性就是即使次次都未得回应，依然能用钝感力坚持发散自己的热量。大方就是尽可能抛弃"小格局"——比如自私、嫉妒等那些来自人性阴暗面的狭小冷漠。乐观就是无论生命多虚无、人生多无奈，都能活出劲来。

这些都是超越本性的质素，都很难做到，但一旦你时时提醒自己，尤其在低谷时有意塑造自己，给自我打气，就越能感受到生命的灿烂。

你与他人的关系是由你去主动定义的，而这种正循环的关系也必将滋养你的人生。

5

你所见的中美差异
也许只浮于表面

第五辑

"人性的相似是超国界的，差异的只有程度。"

边际人

2016 年起，因工作机缘，开始在上海、波士顿两边飞。这让我在出国后第一次得以身体力行去感受国内发展的脉搏。不过，这段历程反而更让我确认了自身的边缘性。

出国十来年，在美国久居有一种参与中的"距离感"；再回国，亦出一种带着距离的"参与感"。

格奥尔格·西美尔曾写过一篇 The Stranger（陌生人），描写了陌生人身上的双重性——即对两边都既远又近的统一。这种属性使陌生人获得更多客观性，因为距离感，他能保持冷静观望，不过度牵扯人事。罗伯特·帕克，作为西美尔的学生，对"陌生人"理论做了进一步的衍生与超越。帕克指出："边际人是一种新的人格类型，是文化混血儿……他站在两种文化、两种社会的边缘，这两种文化从未完全互相渗入或紧密交融。""相对于他的文化背景，他会成为眼界更加开阔、智力更加聪明、具有更加公正和更有理性观点的个人。"

从人自身发展的角度来看，我很认可边际性所带来的优势。因为两种文化的彼此观照，边际人会对"差异"与"相似"生发出更敏感的嗅觉，这便成为认知拓展的开始。

记得当年刚来美国时，中美表象上的"不同"在我意识里占了上风。随着在美经历更多，逐渐看到了"不同"背后资源与制度的差异。再后来，体会到中美本质上的"相同"压倒了所有表象上的"不同"，因为开始领悟到了人性的普遍。

人性的相似是超国界的，差异的只有程度。

如果没有这种边缘性的历练与视角，人便容易放大差异性，看不到更深一层的相似性。

当然，这种边缘性所造成的角色尴尬也是很明确的，边际人在两边游走，缺乏对任一边的文化熟稔与人群认同。不过，对我这样的文化游牧民来说，跨越边际的冒险，比稳守一处的牢固，会带来更多思维的摩擦与对人性的领悟，这是我所珍惜的。

语言与文化

我大约是开始英文写作后，才深刻意识到中文和英文的巨大差异的。中文象形表意，英文线性精确。中文写作与英文写作是两种截然不同的体验。

前者是扩展型、流散式、感性化的；后者是紧凑型、逻辑式、理性化的。前者是水墨画——泼墨之下重写意；后者是油画——点彩之间偏写实。

语言的差异，造成了思维与文化的差异。

英文对词句间的逻辑要求极高，从而挤压掉了多余的情绪，减少了思维的噪音。中文向来不是逻辑严缜的语言，她对模糊的容忍，让通过辩论达成共识成为徒劳。中文的延伸是高语境文化：未说的比说出来的重要，言辞本身反不如言辞表达的方式（比如语言、眼神、肢体）更丰富。英文则塑

造了低语境文化：词句本身就是信息，表达与思维的清晰是
人际交流的主要货币。

对逻辑的缺省使得中国文化与教育是结论式的，而西方
则更注重思维的过程。

中文的文学表达更蒙太奇、碎裂、跳跃，而在英文表述
中，逻辑的自洽与用词的凝练是必要的。中国文化讲究一种
"秘而不宣"的低调，而西方则更欣赏"雄辞闳辩"的张扬。
中国商业文化中的江湖气、重情谊，从某种意义上，与中文
的含糊与语境化不无关系。西方商业文化中的职业性、重契约，
则与英文世界中理性的根底密不可分。另外，因为在中文语
境下，通过辩论几乎不可能达到"唯一"的共识，中国人通
过做事与执行来追求精确。

而在英文语境下，人们会愿意花时间通过言辞接近共识，
然后再落到具体执行，虽然语言的效率保证了执行与预期的
一致，却间接降低了做事的效率。

简素的美学

　　小时候写文章我总追求辞藻华丽，在初高中阶段，这一直很实用。

　　来了美国求学后，在不断地读书写作学习中，逐渐领悟写作的重心并非文辞，而在思想。

　　记得刚来读书时，有门课要写关于莎士比亚的论文，我沿用从前写作的惯性，试图堆砌几个晦涩单词来提升"意境"，结果，教授把那些我以为是亮点的词都给圈了起来，评道："你用这词要表达什么意思？"我发现，我并不能说清这几个词的精确意指与存在必要。这以后，我慢慢转换了思维，开始追求用词的准确、简短及语句间的逻辑。再之后，英文写作的范式开始对我的中文也产生了潜移默化的影响，我开始更喜欢那些简洁干净的文章。并且，从繁复到简单，从厚重到轻灵，这种行文美学的范式转换也开始影响我的生活观。

　　我发觉，生活中美好有力的无不简洁素净，尤其在一切过载的年代。有次去蒙特利尔看一个日本园林，一切陈设都简单质朴——沙堆、石砾、清水、木屋、松竹……正是在这般无华中，弥漫着一种隽永的清雅。

　　日本美学有个词"侘寂"，指代朴素、寂静、残缺之美。事实上，自然界无处不在"侘寂"之美，石头的斑痕、树皮的裂缝、秋叶的枯纹……

　　任何事物被表现得过于丰满，反而会显得死板、缺少生机。保留裂隙，就像让事物得到了呼吸，让灵性得到了延展。我想，文本的性感也只有在语句的简洁中才能得到最好的体现。法语中有个词叫 le mot juste, 指"对的词或表达"。好的表达便是句句简达，字字有义，一字不多，一字不少。

　　让每个字都传达意义，让每一句话都质朴平顺，表达的美才能如水般清透流畅，读的人才能在字字珠玑中淡出回味，而不会在繁复迷宫中找不见本义。

烹饪，文化的延伸

　　我一直很爱做菜，不过只限于做中餐。记得刚来美国没几天，就张罗着刚认识的几个同学来宿舍吃饭，番茄炒蛋、红烧排骨、青菜鱼丸汤……说真的，以我当时才落地美国的烹饪水平，都快逼近混迹美国多年的老江湖了。

　　不过，说来惭愧，这以后我的厨艺水平就在原地打转了，并且，一直没培养出任何兴趣学做西餐。事实上，中西餐的差别集中反映了中西方的不少文化差异。

　　打开一本西餐菜谱，你会发现西餐的烹饪流程、用料精度都非常"准确"——准确到烤箱预热的温度与时长，多少盎司的原料，几分之几茶匙的盐或糖……西餐还配置了刻度精确的厨房用具，让你第一次尝试就能照着食谱做出一款完美的苹果派，并且，重复十次，你能重复做出十个味道相同的苹果派。

中式菜谱则完全是另一道风景，充满着"少许""适量""片刻""一点点"等含糊的语汇，也正因为缺乏精度，每次做中餐都给你留了足够的空间尽情发挥，即使重复十次，每次都仍像是全新的尝试，每次的食材用量、火候、佐料的差异都会让做出来的菜肴味道不尽相同。

这种精准与留白的差异在其他方面也有类似的体现。

比方说，美国的商业与社会文化——相较于国内——更看重流程的细化，确保业务的可复制性不会随着人员的离职而流失。但也正因为这些流程的存在，及对细节与风控的要求，使操作和执行流于僵化、不够灵活。

相反，中国的商业环境更倾向结果导向，也因此会容许过程里的重复错乱。在这种环境里，从上至下推动新的变革速度都极快，没有僵化的流程，注重快速的执行与迭代，反复试错，并在试错中找到感觉，即时应变。

不过，这也许也是经济发展不同阶段的差别——打江山时注重执行，守江山则靠流程优化。只不过，中美思维文化上的差异进一步放大了经济不同阶段的思维与行为差异。

我之所以更偏好中式烹饪，就是喜欢那种留白下的随性，无须紧随菜谱，可以随性按口味斟酌创新，每次做完后都留有些许惊喜，因为味道在、也并不完全在自己的掌控中。

　　也许将西餐和中餐以某种方式结合能相得益彰，美国也确实有所谓的美式中餐融合菜，不过，这就像要把油画与水墨画结合，把国际象棋和麻将结合，这种互补性的融合一定是以牺牲各自的部分特色与趣味为代价的。

　　想来，我们生活中的吃喝玩乐无不是一国文化的延伸与表征，生活里的惯性又在不断强化着既有文化的基因，而我的中国胃已揭露了我的文化基因从不曾因旅美十年而有所改变。

美国人的"城府"

很多人认为美国人单纯，中国人更复杂，在我看来，并非如此。

本质上，美国人、中国人都是人，但因为身处在两种不同的社会规则下，所以，呈现出来的行为与个性有所不同。表面上看，美国社会更看重言辞表达，中国人则内敛少语，所以，会给人一种美国人更直接单纯的感觉，但这其实是一种基于表象的误解。

以我自己在两国穿梭的经历来看，在职场上，美国人说话似乎更讲究滴水不漏的城府与稳当。比方说，当对什么事不满意时，美国人一般还是会以 It is good/interesting but…（好的／有趣，但是……）来表达观点，但 but 后面才是重点。以前听过在美国的中国朋友因此而评价美国人虚伪，我并不能完全认同。在我看来，美国式表达的背后其实是对情绪的克制，以及对他人的尊重。当人听到不利信息时，本能反应会是否认、回击，就像大街上的吵架动粗，便是典型的动物性冲动反应，而所谓修养便是要克服这种动物性。

美国人的表达方式既是在试图消减自己的情绪，也在避免激发对方的动物性，从而能牵引双方的对话在相对客观的"就事论事"上行走，这其实是一种高情商的表现。

再放大一点视角，职场上，很多美国人的行事处处体现着"城府"，英文的直接对应是sophistication（老练，有教养），不是负面含义，而是体现了一种不依赖冲动行事的成熟，每一句话、每一个动作背后都有深思，也有为他人考虑的周全。

相比而言，我常常会感觉到咱中国人的交流方式更直截了当、一针见血。我想，这种差异还是来源于教育、规则及文化的熏陶。

跟任何一种技能一样，与人交流也是熟能生巧的事。不过，我们自小的教育更在乎考试成绩，过度强化人与人的竞争，而缺乏关于合作与沟通的训练。

很多人都是毕业后从工作中才慢慢学习与人相处之道，我自己也是，加上我们这一代独生子女，更是强化了自我，在与他人交流合作时容易过于自我，而美国人在这方面的教育与历练其实要比我们早很多。当然，这种"城府"的反面是——美国人很少对人掏心掏肺，人际相处虽礼貌舒适，但总感觉彼此有着间隔，这点在职场里很明显。

相反，中国人的直接反倒更能拉近人际距离，在表达欣赏与亲近时，情绪的介入会让人有义结金兰之感，职场与生活的界限也相对模糊。

做个不恰当的比较，在美国，年底也会办尾牙酒会，但一般大家都正正经经地穿戴、喝酒、游戏、吃饭，领导也是端庄正经发言、祝辞、迎新……一切都还是职场正规"范儿"的。在中国，春节前很多公司的酒会都是不疯魔不成活的节奏，CEO 穿成 Lady Gaga 在舞台上嘶吼，员工不顾形象地表演，情绪借由醉酒弥漫……一切都是江湖情义"范儿"的。

这两者其实并无绝对优劣，都是基于社会与文化生成的最有效和契合的交流方式。不过，这导致了两国在人情交流上的截然差异。比如，在美国太江湖会让人怀疑专业性，而在中国太职业会让人有距离感。

所以说，美国人的城府带来了理性、距离、职业；而中国人的直接带来了情义、纽带、江湖；美国人的人际情谊是"君子之交淡如水"，而中国人直抒胸臆的交流则会形成"爱之深恨之切"。

　　后记：写完这篇发给一位海归的朋友看，他立刻批评指正道，你这个总结并不能适用于所有的职场环境，很多场合下人与人的交流还是含蓄保留、令人不明觉厉的。好吧，概括一个国家从来都很难，尤其中美都是既单一又多元，既简单又复杂，我们所能概括的永远只是一个小层面的，所以还是要兼听则明。

阅读是每个人纯粹的精神陪伴

6

第六辑

"周国平说过，
读那些永恒的书，做一个纯粹的人。"

影像里的人生

　　周日，去看了一场名为"自然历史"的摄影展，摄影师名叫芭芭拉·博斯沃思。展览上，照片墙围成一圈，照片中，有摄影师和家人曾一起游历过的自然——森林、大山、河流、草地；掠过窗前的飞鸟、夜幕丛中的萤火虫……

　　一张张看过去，像断断续续放映的纪录片，回放着 25 年春秋，父母的老去，儿女的成长，以及光影里涌动的生命之流。照片是过往的断层，断层处，人生的枝叶脉络被放大，呈现着家人的历史。

　　展览介绍墙上写着：Who am I?（我是谁？）

　　我之为我，由我们身边的至亲之人、居住之地、经历之事、接触之物所共同塑炼，如同这些照片中的风景、居所、亲人，都是摄影师生命里的潜流，承载她的过往。

有一幅作品，让我驻足很久，标题是 "Mom and Dad,
Rocky Mountain National Park, Colorado 1998"，是摄影师在
落基山国家公园给父母的留影。作品由三幅照片拼接而成，
呈现着云雾氤氲的大山，穿流而过的小河。母亲在照片左侧，
蹲在河边，采一朵小花；父亲在照片右侧，立在河岸，眺望
远方此处。人至晚年，苍白干瘪，一眼看去，甚至分不太清
照片里的父与母。人老了，性征退化，男人女人外相上接近了，
可内心细微处依旧天差地别。对母亲而言，再壮阔的山河也
比不上身旁一朵纤花；对父亲而言，广阔的大山似在提醒他，
一生的事业沉浮，打败不了时间，终将成为彼岸的风景。两
位老人的影像在这黑白照片的烘托里，令人尤为动容。感觉
看不出"今生最大守护"。

最美好的爱，不是年轻时海枯石烂的衷肠，而是历经万千
的古稀老人在生命尽头的牵手。在这张落基山照片往右几张，
是一张墓地的照片，名为 "My mother's grave"（母亲之墓）……

生命并不短暂，短暂的是我们每个人。一代又一代人前
赴后继来到这个世界，又前赴后继离开。人用自己的生死完
成宇宙的新陈代谢。对每个人而言，这一生的未辜负，都在
用心体验自然的壮美，生活的起伏，痛的深邃，爱的治愈，
与思想的渐进。我们来过，看过，爱过，经历过，思考过，
创造过，一生足矣。

读书的本质是为了读自己

我算不上好读书的人，真心热爱阅读的人都是自幼的养成，读书就跟吃饭睡觉一样成了他们的日常必需。

我小时候一直算个听话的好学生，那时的"应试"教育，过多的课外阅读并不受鼓励，好学生大多是死磕课本的典范。反而是工作之后，我开始有了更多闲暇阅读。

许多中国人是没什么爱好的，所以，一个个都成了工作狂。但是，当你问人有什么爱好时，十有八九，对方会回答"读读书"，读书成了业余爱好的标准答案。不过，在今天的社会环境下，能真正静心读书的人可能不太多。读书与其说是一个动作，不如说是一场冥想。心躁的时候，你是不可能读得进书的。全神贯注的阅读需要一心一意的凝神，一点浮躁都不能有，而在社交软件充斥日常碎片、聚焦变得极为困难的今天，阅读所需要的气场在我们的生活中越来越稀薄。

劝人读书的鸡汤每天都充斥网络，我倒无意过度渲染读书的作用，读书说到底也是一种业余闲暇，它就跟健身、旅游、看电视一样，都是一种对空余时间的打发。不过，读书比之更高级之处在于文字是抽象的，越非虚构的叙述越抽象，阅读抽象需要动用思维与脑力。

所以，读书从某种意义上说，既能让头脑暂时脱离工作与人事的繁杂，又能保持脑力的清醒与活跃，当然，读到好书还能触发你认清人世真相，获得为人处事的灵感，这就更妙了。

不过，读书切忌读成了掉书袋，掉书袋的人对任何事的观点都必须引经据典才放心，我也会这样。这说明你只是读了些道理，但那些道理并没有融进你；只有当你把读书和阅历结合起来，才有可能让那些道理渗透进你自己。

周国平曾引了爱默生的观点，认为读书要"把自己的生活当作正文，把书籍当作注解"，要"以一颗活跃的灵魂，为获得灵感而读书"。

我深以为然，如果读书只是为了记诵与炫耀，那读再多书也无法掩盖干枯的思想。读书应该是为了照镜子，为了阅读自己，为了折射出智慧，并将其内化。

我也认识一些虽读书不多但极有智慧的人，这种人擅长反观人生经历，从中摸索规律。他们是典型的把自己与周围人的生活当作阅读的对象，仔细品读对照，无须"注解"也能提炼出智慧的人。不过，这种人极少。

以我自己的读书体会来看，与其匆匆忙忙翻一堆书，不如慢慢精读一本经典。我曾经历的几次阅读带来的智识上的飞跃都得益于深入的精读。读书，跟人生中许多事一样，并不在于量而在于质。

另外，读书是很个人的事，就跟人与人的审美千差万别一样，关键是要适合自己，他人推荐的书，若你读来甚感枯燥，也无须觉得自己落伍。

不过，读书真的要多读经典，虽然人都喜爱关注时下热点，但就跟新闻的时效性一样，那些注定是过眼烟云，都终将被时间淹没，你还能记得去年此时的新闻热点吗？

经典不同，经典具有时代与地域的穿透性，它能触碰到人性根底。

那些对时下热点尽在掌握评头论足的人，内里必然是空乏的。八卦信息只能供作谈资，不可能是一个人心智成长的养料。

我很喜欢周国平的一句话："读那些永恒的书，做一个纯粹的人。"深夜时分，借床头灯翻读经典，半梦半醒间，跟随作者游走在人生体悟里，忘却现世烦恼，那种清净与安闲总是我一日最爱。

读书的妙处，会在人渐渐成熟后越发显现出来，它提供的精神桃源与智慧的并行让你无论正在经历什么都心有归处，这可能是读书在今天最珍贵的价值体现。

纸质书的庄重

　　昨天同事跑来惊喜地告诉我，说他好久没拿过报纸了，今天重新翻阅纸质的《纽约时报》，体验棒极了，对信息的吸收似乎进入了深度层面。

　　我也有同感，虽然平时还是会用 Kindle 读些美国买不到的中文书，但只要是严肃读物，我还是会选纸质书。不知道是不是因为我们这一代依旧是纸质时代的"遗民"，电子阅读的流逝性总让我无法沉入文本，无法消化，读完便读完了。纸质书对我才是"对"的体验，在手指翻动、用笔划写中，我才会有一种介入式的参与感。

　　这个时代有太多轻浮的东西，无处不在的电子介质让信息成了泡沫，情绪被包裹在泡沫里，发泄完便消散。人群已失去获得真相的兴致，比起冷冽的真相，他们显然对灼热的煽情更有共鸣。那些叫嚣着嬉笑怒骂的网文，连同标题关键字，总会每隔一阵被刷屏、被传唱，然后被扔弃。

这种情绪式阅读正是伴随着纸质的沉沦、网络的崛起而兴盛的，电子媒介似乎更偏爱武断而情绪化的文体，从博客到微信，这种趋势获得强化，而我们在这不可逆的进程里失去了对严肃与庄重的向往。

曹文轩曾说："我一直将庄重的风气看成是文学应当具有的主流风气。一个国家，一个民族的文学，应对此有所把持。……流气在我们周遭的每一寸空气中飘散着。我们在流动不止的世俗生活中，已很少再有庄重的体验。"

而纸质书的好处就是能让人回归到阅读的庄重里。阅读是需要庄重的，好的书承载着对过去的回想与回响，值得捧读的姿势与敬重。更不用说，纸质书的前后翻阅互动其实能促发人更深领会文本、贯通思考。

我在想，当我们从纸质步入电子时代时，电子代表一种先锋与活力；等一切都被电子化后，纸质会不会作为一种庄重与奢华而重获生命力？当轻浮覆盖了时代的视界，人们会不会重新生发对严肃的渴求？这也许只是我作为一个老去生命不可抵的愿望，好在我还能左右自己的阅读，还能关掉手机，打开书本，全身心沉浸到纸页馨香里。

多读非虚构的书

　　朋友给我强推了本小说，结果没看多少我就弃了。书这个东西，除非你跟对方是同一种人，要不然真是没法互荐，还是得自己淘，书跟人也是冥冥中自有缘分的。说来我一直不爱读小说，较之小说，我更爱读哲学、散文等更抽象的、要够一够才能理解的文字。

　　我不否认能大范围传播的还是小说这种文体，大众都热爱故事、热爱曲折，但是，每次读完小说留给我的余味都很少。也不否认好的小说有时更真实，作者藏在角色背后，会把真性情与想法直白地掺进去，而不用顾及自我的暴露。

　　其实，小说越好读，越会让人代入角色里。这点就跟看电视剧似的，人会不自觉代入主角，享他们之乐，痛他们之苦。可能也正因为人会把自己代入另一个角色，跟着角色浮游在情节的转换里，读小说成为一种被动的物我两忘的逃遁。

　　相反，读非虚构类的书，尤其是读哲思强的文字，你是在借作者的逻辑读你自己，因为对抽象的理解需要动用你生活里的发生、你的反思与领悟，去想去够。虽然费力思考后你依然会对作者有各种误读，但没关系，读抽象是为了让你自己从书中冒出来，成为读你自己的主体，在各种踮起脚板的尝试与思考中，摸索到属于你的智慧。

　　所以说，读故事性强的小说，是一种被动的代入式体验；而读非虚构的抽象文字，反而能刺激出自我驾驭的主动性阅读。

　　我从不觉得书读得多就会带来智慧的增长，因为智慧的养成都要结合自己的人生体会，以及一个人的灵气。好的小说确实能在细节处让人心头一颤，能激起情感的涟漪、智性的点拨，但这些触动都不够密集、不够主控。事实上，若阅读不能让人把视角转向自己，那便只能是一种体验与休闲而已。疲惫时，我还是愿意翻精确描述人性的小说，比如毛姆的作品。不过，随着年龄渐长，我读的小说越来越少，还是更爱抽象的非虚构的，虽然读起来累一些，但确实能帮我厘清生活里的人事脉络。

　　现代的书已经泛滥了，年轻时还有挥霍眼睛的资本，现在是真觉得时间不够用，在有限里，还是多读智慧无限的书，用你的思考去承接过去智者的思想，毕竟，那些关乎人性的智慧都是恒久的，永远不会过时。

电影的最高级

去看了当下火热的电影《芳华》,坦白说,没有特别被打动。

这是一个关于青春的故事,但换一个年代,《芳华》可以完全变成《致我们终将逝去的青春》,或《那些年,我们追过的女孩》。

电影本身的故事很平乏,故事性不是靠年代歌曲、舞蹈、道具、战争、年份支起的,情节构造与人物形象都过于单薄。用我大学老师的说法,电影似乎把这段历史背景当成了味精,而没有深入想过人与时代以什么方式相遇的大问题。

并且,好电影的煽情应该是在没有音乐之下,单靠演员的演绎与故事的渐进也能让你动容,而看《芳华》,我的泪点全是被音乐给催发的。

　　总的来说，电影与文学是相通的，它的及格线是能把一个故事讲明白，情节流畅，让人坐着看完不走神，从这个意义上，《芳华》是够的；但最高级那条线，《芳华》还差得很远。

　　什么是电影与文学的最高级？最高级是必然要完成一种超越的，它们的故事虽受囿于特定的时代、国界、背景，但又超越了这些界限与支架，它们是要对着全人类或者说普遍人性讲故事，而不是某些特定人群。换句话说，最高级的电影是要能让观众站到故事之上，触发人性根底的深层共鸣；最高级的电影要煽情有度，煽智无度，它不一定让观众流泪，却能留给你沁透的震撼。

　　在我看来，华人导演里，李安一直是在最高级之上的，无论是他最早期的作品"家庭三部曲"，还是《理智与情感》《卧虎藏龙》《断背山》《少年 Pi 的奇幻漂流》等，他电影的故事可以取材自英国、中国、美国、印度……但又能超脱故事本身，跨越国界，抵达人性与心灵的层面。

　　他对中西方文化的领悟恰恰能让他升到中西之上，不再只追索故事的独特，更在于捕捉人性的贯通。李安的电影不止于揭穿，也提供愈合；不止于收尾，也留有余味。

　　可能我说得抽象了些，但一部电影有没有在往最高级上靠，最直接就是看它有没有余味：有没有几句令观者念念不忘的台词，有没有几许必有回响的思考。《芳华》在这方面过于平庸。

我想我还是过于苛刻了，就像在用对待成年人的方式去对待一个少年。然而，电影是所有表达中最丰富、饱满、具有传唱力的，还是真心希望能出来几个更高明的有使命感的中国导演，给人群带来更高级的不流于表面的人性思考。

保持言说的钝感

我曾跟一个女作家吃饭，她说话很慢，一字一顿，似乎一直在找最贴合的字句。我虽然一溜烟说了很多，但面对她说话的"认真"，我倒有一种局促感。

是啊，现代人说话太流利了。

蒋勋说我们的语言已经流利到忘了背后有思想。

表面上，我们拥有很多对话的工具。实质上，人际间的"对谈"越来越稀薄。语言的质量与言辞的数量成了反比。

在那个远去的书信年代，写信人一字字把心里流淌的话绣在纸面，接信人一遍遍把对方写出来的、没写出来的刻在心里。两人一起完成一场迟缓、合意的对白。

我刚来美国的时候，主要靠电话跟家里一周一次进行交流。因为一周一次，所以特别珍惜。今天，我们因为不再有对话方式的局限，反而降低了对沟通质量的要求。说话越多，误解越多。还有那些扑面而来的信息流，用着模式化的语句，我常常只看到一堆堆的字，却不知在传达什么意义。

现世下的词句，只要被大范围传诵若干次，最初的表意便会脱落，只剩下僵死的躯壳。所以，才需要说话的人、写字的人提醒自己去打破"语言的惯性"。

我由衷觉得，我们如今说的太多，说"出"得太少。

好的词句、好的文字要能提供一种"敲击"。它当然不能是千篇一律的，也不能是油顺的。它必须有质感，得有刺，得玲珑，得"别扭"。所以，要时时保住语言的敏感，以及言说的钝感。

7

走过一些城，留住一些剪影

第七辑

"还是要多旅行，
为了看到另一个角度的生命。"

上海的气质

昨天和一位朋友聊天，他去年夏天刚从纽约回到上海定居。他说，从某种意义上看，上海比纽约更让他觉得自己是个异乡人，他不属于上海，上海也与他无关。

我倒没有他这种感觉，一来波士顿比纽约更"美国"，波士顿作为新英格兰灵魂城市，血脉上更接近欧洲，她的缓慢、老旧与内敛让人像活在上世纪；二来我本生长于长三角，吴语区的语言与文化一脉相承，且因为上海的西化与国际化，让我回上海比回老家更有亲近感。

上海从来都是江浙人的向往，她的傲慢、洋气乃至排外，从来也没有抵挡住人潮的涌入，反而让她更傲慢、洋气以及排外。

我从不觉得外滩与陆家嘴的繁华等同于上海，而在波士顿，反倒是查尔斯河夜景便能极好概括波士顿的真相。

　　上海的精致其实都铺陈在一条条小路上，衡山路、吴兴路、高安路、巨鹿路……齐整的马路、掩天的绿树、稀落的行人——那种世界与我无关的气质都写在路沿上。上海以及长三角就是这种气质——不谈政治，只聊金钱。

　　上个月去北京朋友家聚会，一群人都在热议《人民的名义》，而在长三角与上海，你都甚少碰到这种场合。所以，也只有上海这种地方能出得了张爱玲，张爱玲的作品从不牵扯宏大叙事，战乱国难都与她无关，她的小世界里只有爱情，文字里的冷漠、尖刻与市井都活脱脱是当时整个上海的映射。不只是她，钱锺书的《围城》也体现着上海与江浙文化中的势利，那种互相攀比与看不起，心思细密又讷于言的算计，都是这个地带的基因。

　　可能卓越的文人本身就不该过度参与宏观大势。

　　五年前回上海的时候，跟一位很有才华的上海写作者吃饭，她文字里的冷静、简单、精确与智性都锋利得像把刀。她阅读、拍片、画画，生活里几乎没有无关爱好的事，整个人散发着一种距离感与冷冽。她再一次让我确认，只有大上海（包括长三角）能出得了这样的文人：他们克服时代，在最一线的城市，保持着与社会和人群的距离，甘当边缘人，却又敏锐地捕捉着人性。

波士顿的精神密度

十二年前来美国留学，在芝加哥到波士顿的飞机上，邻座的老人告诉我，波士顿是他最爱的城。

十二年后，我也如此爱这座城，虽然这很可能只是习惯使然。

我生活的半径从来也不宽，在学校的时候，学校和家两点一线；工作后，变成公司和家两点一线。天气好的时候，偶尔去郊外爬山、看海。不过，因为波士顿半年都在冬天，所以，大部分时间都蜷缩在家或是附近的图书馆。

对我这样不喜热闹的人来说，夏日里的清风、大海，冬日里的暖气、咖啡，就足以让我感到满足了。

我喜欢这座城的"刚刚好"。

人不多，但也不过少；城古旧，但仍有新楼生长；学术气，但科技创新依旧在勃发；美国发源地与欧洲血脉传承，但又足够年轻多元……

这座城的人受教育程度普遍较高，所以，遇到生动灵魂的概率也大。周末跑去家附近的咖啡馆，会听到邻座老人在谈论宗教与生死，整个城市的精神密度很高。

记得有次在书里看到气候对人的影响——在热带地区很难涌现哲学家，因为天气燥热潮湿，会阻塞人的理性思维，但却能出现感性的宗教与艺术。这个观点我还蛮认同，从这个角度来说，波士顿的冷其实很适合学术、思考与人文求索。

冬日里，外面大雪纷呈，屋里暖气温热，俯身窗前小桌，翻个书，写点东西，抬头间隙，观雪，啜两口热饮，就足以让小日子温软充盈了。夏天是波士顿破茧的季节，人们纷纷出巢去往海边和大大小小的公园，城市在蓝天白云映衬下干净得反光，夏风干爽轻柔，走在哪里都能感觉活力涌动。

这几年，波士顿春天的长度被极度压缩，都可以忽略不计了。秋天成了我最爱的季节，周末去郊外爬山赏红叶，平日在清冽的秋风明月下散个步，总能感受现世安稳的从容。

我总觉得波士顿在某些方面跟南京、台北有点类似，都不是国际范大都市，但都安安静静偏安一隅，有一种精神自由，但又有着历史沿袭下来的内敛保守。

说到底，人与城的合最终要落到彼此个性上。选择了一座城，既是个性的召唤，也会决定未来的个性发展与生活指向。

我想我得感谢命运，让波士顿成了我生命里的城。

图书馆一角的黄昏

傍晚，坐在家附近图书馆一角，透过落地玻璃窗，静观黄昏。

太阳落山，天地升起一种未完成与完成间的交界之美。抬头仍是清朗的淡蓝；地上是积雪，与清出的小路。夕阳的橘色漫开，对楼的一面小窗反射着不耀目的光束。一棵大树向天延展，虽然叶子掉光，树皮干裂，但清倔的细枝傲挺着，突显生机。黄昏时，一切都是柔和的。入世紧张了一天，直到落日，得以松弛，回归到生活本身。

我喜欢黄昏时的松弛，人表情的舒展，市嚣的递减，华灯的渐起，晚饭的菜香弥漫在街巷。

一切都是生活的味道。

人的一生与人的一天类似，在日出立志，正午奋发，黄昏舒展，夜晚隐退。

然而，现世让人过于匆忙。

尼采曾描述过工业化对人的异化，"现在人们已经羞于宁静，一个人安静下来，跟自己待一会儿，就会觉得不对头，长久的沉思几乎使人产生良心的责备。人们手里拿着表思考事情，吃饭时眼睛盯着商业新闻——像一个总怕耽误了什么事的人一样生活着。"

今天的我们重复着历史，好似一天都要保持旺盛才未背叛脉搏。然而，人非机器，过度劳顿只会让人丧失灵性。

黄昏如同是来自宇宙的提醒，告诉人要从对外回到对内，从职场回到家，从紧绷到放缓。

可惜啊，太多人忽略了黄昏的召唤，忽略了心灵的渴求，将所有清醒的时间都放在了利益与人际纷争上了。人在自我压榨的同时，离幸福渐行渐远。

人生短短，生命渺渺，其实一切都抵不过生活的安柔。还是要多抬头见见这黄昏，放松些，柔缓些，让生活之美抵达你、完善你。

"慢"生活

今年波士顿的夏天清宁得很。从国内回来一个月了，每天保持散步、思考、阅读。最近开始密集写东西，这已接近我最理想的生活状态，不再奢求更多。什么是最理想？就是无论穷困或富足，这都会是恒定带给我力量的状态。

在国内，会有一种无所不在的密集感，让人停不下来。而在美国，处处是留白。人与人的距离、工作与生活的边界、日常间的停顿，让生活的节奏可被预测，也因此，有一种平稳的定力。

我对"慢"与"稀散"的状态颇为珍惜，不爱用"密集"堆叠日子。在紧张但缺乏累积中机械生活，是我无法长期忍受的。有时候，就只是一个人面对大海，那样疏淡但又通透地观望着，就足够了。在那种场之下，时间也失去了意义，只有凝望是真实的。

美中之间，疏密之别

　　每次想进入读书写作状态时，我都会想找个家外的空间，对我来说，家的舒适与精神的紧张略有不合。

　　久居波士顿，周末最喜欢去家附近的图书馆。美国的公共资源也真是丰富，波士顿所有的公立图书馆入场、借书全免费，还有可观的中文书供借阅。一到周末，家附近的图书馆人虽不少，总还是能找到空位的。这么多人各自静读，互不干扰，形成共同求知的场。

　　去年春回上海住了三个月，最让我不适的，反而是突然找不着适于读书的"场"了。

　　我一到上海就去了上图办卡，想着延续在波士顿的周末习惯，结果，图书馆总是密密麻麻的人，只好放弃。

想着找间咖啡馆吧，结果周末一到，徐家汇各种小资咖啡店也都满座，绕了一圈，只好回到公寓楼的商务中心，没人倒挺安静，可坐了半个小时就被蚊子叮了一腿包，没办法，最后只好又回了家。

在上海那三个月的周末，我都勤勤恳恳搜索各种空间，最后总是失落于人员过于密集的环境。想来，我也确实出国太久了，习惯了稀广的空间，都忘了该如何在嘈杂中保持专注，如何在人群中保持冷静。

在上海那三个月，可能因为要重新适应这样的密集，内心总有一种动荡感，读不进书，思考封堵，社交倒是频繁了很多，但并未进行过几次有质量的对话。三个月结束，飞抵波士顿那一刻，内心立刻沉了下来，获得一种久违的安宁。

重归图书馆、与朋友谈书与人生，这些时刻才让我重获一种存在与安稳感。

有很多人因为无法适应美国生活的平淡而迫不及待想回去参与进中国的热流，我也曾心心念念国内的繁华，但现在发觉，自己还是很珍惜那些稀薄的日常，而在中美之间穿梭往来，倒是能一面吸收密集的信息，一面又保有整理信息的留白，这样疏密有致，最适合目前的自己。

上海与波城之秋

初秋傍晚，走在上海旧法租界的林荫小道上。昏黄的路灯，将骨骼清癯的梧桐树枝投影到路面。

零落的路人，来来往往。一位老人头戴布帽，坐在路边，吹着悠扬的长笛。

清风明月，最醉人的还是那隐隐桂花香。细碎的花簇，散放着风情柔甜的香味。这大约是最让我挂怀的江南秋天的味道。

波士顿的秋天则是视觉系的。查尔斯河沿岸的群树，参差着，红黄相间。

一夜秋雨，清晨醒来，路面铺陈好花瓣与落叶，很莫奈。家对面的树，每年秋都会渐变成一树红，盛放凋零前的绝美。

秋也是观山的最好时节。满山暖色，在一个冷色季节，犹若挽歌。我一直觉得，秋为四季中最美。因为"最"字暗含一丝绝望。

春夏秋冬，如同生命轮回。

秋之尽头，是绝。

那种洗尽铅华后的从容，临近圆寂前的安定，让秋有一种哲学意义上的肃美。

旅行的意义

我曾经历过的旅途之美——

是在海上远航，深夜，当黑色融括世界，仰头与星星对望，见证彼此存在。是在大峡谷，走在积雪覆盖的山崖，日落月起，在这交界的灰淡里，静得连人都多余。是在黑夜飞驰在犹他高速上，小雪飘落，抬头见到漫天密布的繁星。

是在缅因森林里，夏夜湖边的木屋，清风明月，听见山涧虫鸣。是在新英格兰树林，阳光穿过叶缝，透洒入林中空地，叶子在光束中轻盈飘落。

是在夏威夷檀香山一角，观望大海，晚霞破开云层，风起时，海浪拍打岸礁。是在迈阿密海滩边的木板路，雨后，木板反着干净的光，路旁的叶子绿得油亮。

是在西岸一号公路，沿着辽阔透蓝的太平洋海岸行驶，阳光刺眼，加州的明媚扑面而来……

说来，我不算爱旅游的人，在美国走过的地方也并不多。旅行的意义，对我来说，就是换个地方小住一下，给重复的生活一些裂隙。然而，每次还是会在变换的风景里被那些细碎触动。

某时某刻的温凉、风过、气味、光暗，都会打开一扇门，让感官通往新的战栗。

从都市回到自然，都能让人重新连接到一种宏大、无限与神秘。天、地、自然之美都带着神秘与神性，让见到的人敬畏、沉静。所以，还是要多旅行，为了看到另一个角度的生命，为了虔拜比人更永恒旷远的存在。

台湾的舒张

很难说清我对台湾的好感是哪里来的，总觉得她的气质既小家碧玉又大家闺秀。也许是小时候跟着我妈看了很多琼瑶剧，不自觉会把那种浪漫移情到那个岛上。

还有台湾流行文化对大陆长期的影响，小虎队、张信哲、周杰伦、吴宗宪、《流星花园》《康熙来了》……那些年，与大陆守正传统的文化截然不同，岛上娱乐的无厘头、温软、幽默与传统的杂糅很大程度上拓宽了十多年前内地观众的视野。

刚来美国时，在学校偶遇的第一个台湾男生，送了我他折的心形纸卡，里面写了他的表白，让我觉着，这般细腻青涩就是台湾岛上男生了吧。

第一次去台湾是 2011 年 1 月，因为开会行程短促，阴沉潮湿的冬天，并未留下太多印象，倒是能从与司机的对话里，了解到台湾普众对大陆了解甚少。后来又陆续去过几次，不过都很匆忙，并未深触。

2017 年 5 月去台湾旅行了一周，终于得以探索台北城内外，也愈发喜爱这个宝岛。

从台北搭火车去瑞芳镇，车窗外一路经过古旧的老城、浓密的青树、灰蓝的海天……一幅幅图景一帧帧定格在眼前，带着岁月的沧桑。

最爱的是九份。

山城里参差的老楼旧舍充满古早味，爬到高处眺望，青山从一侧绵延入海，湛蓝的大海向无限延展而去，远远地，不食人间烟火。那时刚近黄昏，夕阳从云层透洒下来，像从天顶飘下来的轻纱，映照山海，浑然天成。在山城上久久凝望这旷远的胜景，只想静静看下去，天荒地老……

也爱十分老街的旧铁轨与拉索桥，青山、绿水、天灯、老巷……同样让我不想离去的还有在公园的一角，一位民间艺人吹着长笛，都是十几年前的流行曲，被他吹出了怀旧与伤感，《挥着翅膀的女孩》《遇见》……小风吹过，绿树环绕，我坐在街边小凳，沉浸在他的笛声中，挪不动步。

其实，打动我的并非只有景致本身，还有那些细微处，比如干净的公共洗手间，考虑孕妇与残障人需求的公共设施设计，居民社区里讨论公共议题的海报，松山文创园颇似民国的风味，等等。

在太鲁阁，看到了一句话"不同时代，不同的人，为了不同的目的，在这深谷的峻岭中开出不同的道路"……简单一句话，在那个语境下，平添历史感，你能从这些文本读到背后写字人的哲思。

在台北行行走走，总有一种轻柔的笃定感，与舒张的生活味。

她与北京的宏大、上海的市井、香港的国际都不同，她是细柔、人文、传统的。她固守着自有的节奏，在物欲加速的年代，保有着聚焦生活本身的松弛感。

对我而言，似乎去台湾便会被拉回生活本身，很 carpe diem（拉丁语，意为珍惜当下，及时行乐），很当下。

8

生活的乐趣在于人的意外

第八辑

"人都是'两栖'动物，
表面内敛的人往往有最狂野的内心"

旅美十年后的感悟

又到一年年尾。

年尾与新年的交替，总会给人一种时间断裂之感。过去一年发生的都似要得到清算，而我们都要告别一个旧的自己，成为一个新的人。

人生需要通过断裂让人重新意识到活着的质量。

我不再许新年愿望了，事实上，我已过了那个热爱憧憬的年龄。生活给予我的智慧都是要去建筑当下，让流逝的每一分都饱满。

十年前的现在，我还在学校，对未来满怀憧憬，不曾想进入新年，冲撞而来的便是美国自 1929 年以来最大的金融危机。那一年，2008 年，每天看着银行倒闭、公司裁员、经济萧条的新闻，我思考的却是：怎么没有一种历史的磅礴笼罩我，怎么没感到我读到的 1929 年美国历史里的阴郁苍凉?

人在二十几岁的时候，向往一种站在漩涡中心的存在感，直到有一天，我读到熊培云写的一句话："所有帝国终将灰飞烟灭，只有生活永远细水长流。"我明白了，对每个个体来说，人生没有那么多戏剧，生活的重心从来都围绕柴米油盐的细碎。那一年，不少留美学生找不到工作而回了国，从而赶上了中国最辉煌的十年，而当年留美的幸运儿却因此错失祖国的腾飞。

这十年，让我懂得"祸兮福之所倚，福兮祸之所伏"，人不要为眼下困境过虑，苦难能让人保持生活的警醒，你只要相信头顶上的存在，相信你此刻的努力自有出路。

十年前，最让我有历史感的反而是北京 2008 年奥运会，远在大洋彼岸，隔着屏幕，看着辉煌的开幕式，那种自豪是每一位海外华人乡愁的聚合。人很难跳脱民族身份认同，海外华人里有着最爱国的一群人，因为距离让人看见美好，对比让人理解不易。

某天，我读到叔本华的一段话，很认同，他说——

"人们总是对政府、法律和公共机构深感不满，但这主要不过就是人们把本属于人生的可怜苦处归咎于政府、制度等……在每一个人的心中都潜藏着无限膨胀的自我：要把这数以百万计的人控制在平和、秩序、法律的束缚之内，那是多么困难的一桩事情。而国家政府承担的就是这一困难的任务。事实上，看到世界上大部分的人还能够生活在秩序与平和之中，那真的是一件让人啧啧称奇的事情。"

我想，直到今天，美国政府所面临治理一国的难度都难以跟中国相比。虽然中国存在着许多的问题，但她的崛起速度与体量都足以让世界叹服，让我们自豪。

这十年，让我更清楚看见了我自己，让我明晰了自己的擅长与不擅长，懂得了自己的平庸，我全然接受命运给我的安排，不再去与自己的不擅长抗争了，专注于自己的热爱与擅长，这让我获得一种充盈与满足。

当然，人的所有经历都是值得的，当年频繁出差穿梭于纽约康州的对冲基金跟投资人讨论趋势与前景，当年在大公司内成天写 PPT 分析市场与战略，都让我从此对商业有了更深的领会，这些经历也给了我足够的自信去完成我想达成的事。

这十年，认识并结交了一些令我敬重的朋友，虽然不常联络，但心里时常挂念。

　　我也开始对社交更挑剔了，时间有限，生命太短，我不想再浪费时间在戏谑的对话上。

　　我们的时代太热闹了，而我更向往严肃而庄重的生活之上的探讨。生活已过于松弛，我需要一些精神的紧张。我开始密集读书、思考、写作，在被生活温柔以待了十年，我想，我需要创造一些有自己烙印的东西。

　　尼采说："只有在创造中才有自由"；"作为创造者，你超越了你自己——你不再是你的同时代人。"

　　创造需要极大的自律，也只有自律之人才有最大的自由。

　　这十年，也让我对人生的幸福有了更质朴的理解。幸福无关欲望的满足，生活的起落都稍纵即逝，真正的幸福都穿插在平和从容、波澜不惊的日常里。

　　卢梭说："如果世间真有这么一种状态：心灵十分充实和宁静，既不怀恋过去也不奢望将来，放任光阴的流逝而紧紧掌握现在，不论它持续的长短都不留下前后接续的痕迹，无匮乏之感也无享受之感，不快乐也不忧愁，既无所求也无所惧，而只感受到自己的存在……处于这种状态的人就可以说自己得到了幸福……"

如果说我还在刻意追求什么，那便是这种"心灵上的充实与宁静"，透过阅读、思考与写作。我比任何时候都确认，幸福跟钱无关，跟你是否在做自己热爱的事相关。

我不再许愿了，我想，我逐渐确认了人生的大方向，明晰了自己人生的意义，这让我感到一种未曾有过的踏实。

感谢经历，感谢亲友，感谢命运。

新年快乐。

——写于 2017 年 12 月 30 日

记忆中年少的碎片

在年岁问题上，我并非思旧之人，不留恋年少时的自己，反倒更珍惜获得更多思考力与包容心的现在的自己。

回忆青春年少，我大部分时间都在扮演一个面目乏味、好胜心强的好学生形象，那种紧张与功利并存、骄傲与自卑交替的精神状态，与我本性的慵懒是背离的。

等我离开那种学业竞争，来到相对宽松惬意的异国后，终于可以回归我的本性了。功利驱使下的实务总归苍白，旧年回忆里依然能浮现起的，无不是年少时偏离目的的片段。

小学时，周末一个人会在阳台上边画画边听收音机，阳光倾洒阳台，广播里的女声应着神秘园的音乐柔柔诉说，指间笔下一根根线条被绵密排布，认真得不容分神。

中学，机缘巧合考上一所美术院校，每周五是习画之日，全班一齐背着画架去花园里的画室静物写生，鸟语花香，空静的教室里，我们各自站在画板前，观察光影比例、凝神作画。

中学离家略远，一天中最爱傍晚时分，放了学，一个人骑自行车沿运河回家，夕阳的橘色倾洒河面，波光浮影，河岸有杨柳、花丛、石板路，常会被这一路的静美俘获，停下车，沿河漫步，赏景出神。

高中上的重点学校，课业繁重，但中午还是喜欢跑去阅览室看闲书放空。校园古旧，坐在阅览室，透过窗看校外老房，黑砖残瓦，壁上布满青绿的爬山虎，屋旁有口井，周围绕古树，鸟声清亮，光影织光阴……

如今，忆起年少过往，这些曾让我心安的日间罅隙还是那样闪耀着。

一直很喜欢纪弦《傍晚的家》里的几句——

傍晚的家有了乌云的颜色

风来小小的院子里

数完了天上的归鸦

海子们的眼睛遂寂寞了

平实的词句，传达着质朴的烟火气，让人踏实、心安。

也许，人生真正的意义就在这些让人心安、不执于目的、让时间回归时间本身的碎片里。

再过几十年，回想今天，事业前程怕都不稀奇，就像曾经的课业成绩都不值一提，真正让人怀念的还是那些生活日常里的安宁闲碎吧。

校园的诗

初夏

丝一样光滑的夜

学长说

夏夜里，躺在草坪看夜空

能看见深邃的眼

澡堂

女孩湿漉漉的发香

滴落在回屋的路上

很多年后，在国外

每次闻到洗衣房的皂香

都能联想起大学澡堂

军训

两姑娘排在拉练队伍的最后
唱任贤齐的《浪花一朵朵》
时光匆匆匆匆流走
也也也不回头
美女变成老太婆

冬天

教室座位上的占座本
常留有机智的对话
"你好，该座位已被占"
"你好，此书已被占"

清晨

一条短信传来宿舍
还在被窝里的同学
心急火燎奔往教室
为了点名
跟老师斗智斗勇

课堂

教授诚诚恳恳说

我不看重作业的答案

我看重的是做事态度

精益求精是一种必要

许多年后

面对工作不易

总会想起这句话

操场

流星雨划过的那个冬夜

聚集了无数不眠的学生情侣

一颗颗流星划过

人群鼓掌呐喊许愿

星空下

见证一份份无瑕之爱

校园

是每个人的情结

是年轻时集体狂欢的最后仪式

校园里做过的梦遇到的人

如今都已模糊

却依然记得校园的气息与风景

阳光温暖着小丘上的亭子

夕阳给教室染上橘色

湖中的荷叶大团地绿着

而那些过往

都像诗一样流过现世的匆忙

大学时的茫然与反思

如果问我最想重塑哪一段岁月，那一定是我的大学。

大学之前，是千军万马过独木桥，一心一意被逼、自逼，没有选择，也就无其他念想。大学之后，是突然被暴露在无数种可能之前，茫然不知所措，也不知如何念想。记得当年去大学报到，心中设想了绿荫青葱的古老校园模样，结果一到学校就被车拉到了城外的荒凉校区，在那种人迹罕至的地方，在那个还不足够互联的时代，在学校能干的事情基本就是吃喝玩乐上网上课。

进大学后的第一个学期是我"半"独立的开始，父母给了足够的生活费，而我缺乏自理的经验，连每顿饭正常的食量、每个月该花多少钱都没什么概念。人生突然被抽离目标，每天面对大半的空余时间，只好跟舍友出去淘各种吃的，三个月后，除了胖到爹妈都认不出我，没其他收获。

　　从紧张的应试状态被抛掷到失重的自主浮沉之中，对大多数人来说，一点不轻松。在维持了一段高中延续下来的应试学习习惯后，我开始思考，学这些到底有什么用呢？我要怎样打发这么多空余的时间呢？我到底想过什么样的人生呢？

　　这些问题对一个刚成年的人来说，根本没有答案，因为她的人生只是开向一片空白，却并不知道有哪些可能性。现在回想起来，我大学时期的日子是非常稀薄的，缺乏有质量的阅读、有质量的思考、有质量的交谈与有质量的朋友，只是用一种功利的方式麻木地吞吐课本。一直到后来给自己找到了出国这个新的人生目标，才让自己获得少许重心。

　　我想，如果我能重新过这四年的话，我应该不会选太实用的专业，我还是希望自己能在年轻时就能沉到一些更系统的人文思考上，无论是哲学、政治学还是社会学；我会更多参与校园社团、课外实习，因为很多理论知识还是需要在跟他人的碰撞下才能更好领悟；我应尽早学会自律、自学，只有自律、专注和动态的生活才能给人力量与安定；我应该铺开读各种书，记读书笔记；我应保持写东西，保持内省反思；我希望能交到一两个能谈形而上的朋友，彼此坦诚分享，并能与自己敬重的老师有更深入的人生探讨……

　　人年轻时就是一团荷尔蒙，自我太强，看什么都不顺眼，并乐于把不顺眼都推给他人，如果能早点认识到自己下意识里的"反叛",我想我当时可以活得更开阔。恋爱也是大学的必修课,不过,在国内语境下,"恋爱"这个词有点重,英文中的 date(约会)反而更轻盈。

与人生中其他习得一样,恋爱、交友也是经验的堆积,在与他人的交往中了解人的不同形态,知晓偏好,从而更好地了解自己。恋爱中有太多自私无私、勇敢懦弱的纠葛,它是人性密度集中的演绎,总会耗费很多神伤,尤其对年轻人来说。但是,如果没有这些痛苦挣扎与幸福甜蜜的经历,人又怎会迈开成熟的步伐呢?从这个意义上说,第一次严肃的恋爱就如同婴儿的第一次跨步,它会带你领略单身时所看不到的风景。

对我来说,大学的爱情都早已淡去,倒是能记得和舍友一起在冬天半夜爬起来,裹得像粽子一样去操场看流星,那天夜里,划过无数的流星,我们各自在心底默默许愿;军训拉练,我跟舍友排在队伍最后,两个人一起唱任贤齐的《浪花一朵朵》;某次期中考试结束,跟舍友去爬山,在小雨过后青绿的林木道上,我们听着音乐、边走边聊……

这些浸润同龄友谊的温馨宁静的时刻,反倒是我追忆大学时最难忘的片段。所以,珍惜同窗情,珍惜大学里结交的好友,这份友情到后来会有超越世俗与时空的牢固。

内向与外向

有次跟朋友谈起如何区分内向、外向。以我自己来说，在某些场合下，我并不怯于社交与表达，但若以此说明我外向，我又完全不能认同。

朋友说，如果一个人在群体社交中感到自己获得了能量，在独自一人时觉得能量在消耗，那这个人便是外向者。反之便是内向者。对照一下，那我可以确诊为内向者了。对我而言，总在独处中得到能量的聚敛，在与人的共处里虽有当下的愉悦，却会在之后感到疲惫。

朋友又说，内向者一般热爱森林，外向者更爱大海。这个说法挺有意思，德国人就尤爱森林，我所见过的德国人也沉稳内敛者居多，这可能也是为什么德国盛产哲学家吧。不过，对我来说，森林与大海还真是不分伯仲，看心情和天气。

其实，人的外显性格并不是一成不变的。我小时候极内向，后来小学两任班主任都老让我去演讲和主持，久而久之，脸皮就厚了，后来再需要上台时，不再会露怯。不过，一个人的内生性格还是蛮牢固的，都是由基因决定的。当撤除社交与现实的必要，我还是更享受静静旁观这个世界。

爱好或许能更准确拆穿一个人。比如我爱听舒缓平静的音乐，爱读抽象的书，爱在林荫小道散步，爱写作画画，爱去爬山观海……喜欢这些的人很少能是外向者。内向者敏感、触角细密、善于思考……这些赋予了他们独特的创造力。创造——无论是文学、艺术、科学、哲学——都需要一种个体面向世界的细腻。"从一粒沙看世界，从一朵花见天堂"，这种"看"与"见"都是寂静中的凝望与回想，是一个人的精神狂欢。

当然，也因为这种密集的感受力，内向者容易因思虑过度而伤神，比如不少作家都患失眠症，托尔斯泰、歌德、海明威……内在的精神过度活动，与外在的身体相对静态，结合之下便容易造就忧虑气质。人的外显性格可以通过锻炼雕塑，但内生性格更决定了一个人真正的擅长。与内生性格对抗是徒然的，接受自己的天性，并找到天性指向的合适的路径，会带来一种匹配的力量感与能量。我现在越来越觉得，一个人最终能活成什么样子取决于能否认清自己，在此基础上再为自己争取一种更进阶的匹配。

思考的宿命

　　每个人都有宿命，对我来说，写作可能就是，但写作也只是表象，背后是思考。

　　如果过一种机械重复、没有思考的日子，我想我会乏味死。什么是有意义的日子？对我来说，如果一整天都无有质量的阅读与思考，就不是"活"。

　　思考才承载"活"的重量。

　　这个时代快到让思考都成为累赘。但是，没有思考，只是"活着"；思考才定义"生活"。王尔德说，"Cultivated leisure is the aim of man（享乐是人生唯一目标）。"亚里士多德说，"Leisure of itself gives pleasure and happiness and enjoyment of life, which are experienced, not by the busy man, but by those who have leisure（闲暇自有其内在的愉悦与快乐以及

人生的幸福境界，而这些内在的快乐，只有闲暇的人才能体
会到）。"

其实，我在美国最大的乐趣正在于那些日常的停顿处。
在停顿处散步、看海、阅读……那些空白、停滞、缓慢，都
是思考的养分。

对留美华人来说，美国也许并不适合有野心的人，但适
合那些视思考为目的、把闲暇当终点的人。来美国 11 年了，
想来，也真是很习惯这样的生活方式了。

一个庸人的梦

在我思绪涌乱时，我会尝试阅读自己，整理脑子里弥留的碎片。我会想表达，在落笔的刹那我甚至不知要写什么，只是有满腹欲望顺流而下。

近一年，都凑不出空白完整的片刻表达些什么，因为生活轨迹稍事改变，就足以用忙碌与什么都不干来交替填满自己。这大约是值得欣慰的，也是可悲的。

我想我还是踏上了正轨，大多数时候我觉得自己是充实愉悦的，于是并不想表达。表达常源于苦闷，源于现状消化不下情绪，写字的人大多是不快乐的。从生命的轨迹而言，充实感反而沉淀不下什么，愉悦的感受很当下却无余味，大约也因此，人们本能地会更容易记住过往的挫难与不如意，这种记忆惯性让人过得越来越沉重。

我依然没办法好眠，那些潜在的显在的思绪，总在半夜用各种方式骚扰我。昨晚我好像梦到了什么，我记不清了，梦里的自己好像头发灰白，我老了。半梦半醒里，我内心升起一种惶惶不安之感，啊，我老去了，我的一辈子就这样过去了，好像什么也没做成，什么也不值得纪念，有那么短促的瞬间，我好像觉得自己当下时时刻刻都在浪费消耗我的生命。

醒来后，那种惶惑逐渐散去，按部就班地生活，安然得像宠物。但夜晚回家，看着天边的余晖，回到空荡明亮的房子，我又重新想起那个老去的梦，只是无法感受梦里的切肤之痛——尚未年轻便一夜老去，尚未做事便骤然荒芜。

我开始越来越清醒意识到自己的渺小，自己的平庸。我以为这样的感受会助我谦虚谨慎、更上一层楼，但我错了，当人接受自己的平庸时，个人的历史似乎顷刻塌方了……

人们讨厌自恋的人，孰不知，某种意义上，"自恋"是每个人顽强活着的药剂。

人不需要生命的真相，不需要看清自己的大小，只需要像堂吉诃德般成为自己世界里的英雄，就能说服自己去涂抹未来。可是，看清自己的人，该如何顺理成章地生活呢？要么循规蹈矩尊重世俗，要么出离现世在哲学中寻依托吧。

后记：我大约写了段废话，好在我还有心境和时间，我应该多写点废话，经过一年的平顺，我终于又回归到了那个渴望精神补给的自己，我不知是该恭喜自己还是感到不幸。那些平顺与安宁总是那么短暂，又总容易被厌恶，被唾弃。我的宏观渴望与身边的微观现实常常有冲突，身边的一切力量都在规劝自己按部就班，内心的力量又偏偏想抛弃约定俗成。我想我并不特殊，也许，很多人在经历同样的挣扎。

——记于 2014 年 7 月 1 日

性别的逆向

在生活上，我总以一种决绝姿态对待购物、过节、打扮、打扫等一切日常琐事，基本原则是能快则快、能免则免。当然，偶尔也有兴致盎然的时刻，我会买束花点个缀，画幅画装个饰，不过，离上一次有这种冲动都快三年了……

我总欣赏那些能把日子过成诗的女性：把家规整得温馨干净，把菜做得精致可口，把自己和家人打扮得舒适高雅，把闲暇填充得诗情画意……

而当我时间上稍有闲暇时，当下的本能就是抛开一切杂事、挑本书开读，似乎只有看书这个动作让我没有负罪感。

即使在与人交流时，我也从来无心聊生活里的柴米油盐，那些真不是我的兴趣。我总试图谈些生活之上的事，那些严肃的，关乎生死的，抽象的，没有答案的。在友情上，我也缺乏黏腻的需求，没有倾诉与八卦的需要，渴望距离、开阔、思考。

总结一下，我想我骨子里可能是个男人。

再举例，德国总理默克尔个性中男性式的理性都呈在了外相上，所以说，一个人个性里逆性别的成分越大，阴阳两合下，在某些方面会带来更大优势。

不管我这个算不算谬论，我反正是把自己说服了。不过，说服之后，我眼下的担忧变成了——为什么我还不够男性化……

清淡的苦行

两年多前，因为身体原因，开始吃得清淡。

一开始也不习惯，精食重味吃惯了，一下子粗茶淡饭，感觉人生乐趣都少了。没想到坚持了半年，习惯就成自然了。后来发觉，从二十几到三十多，活着活着，生活里方方面面都在清淡起来。

年轻时喜欢各种颜色，如今，衣服都聚拢到了黑白灰。年轻时还会尝试涂鲜红指甲，如今，只想保留本色。年轻时观点激烈偏颇，如今回看都觉羞愧，但求今后能更淡然。年轻时热衷预想各式的未曾发生，后来发现，几乎所有的发生到头来都偏离预想。

前路是一场无可奈何的不可知，不如不想。清淡开始是出于克制，之后成为生活的界限，再后来，融为生活本身。

物欲的清淡，感官的从容，似乎在某种程度上为思考的丰富铺好了路。

我又开始读晦涩的东西，敏感于周遭的人与事，反思、内省、写东西。如果可以的话，我甚至希望保持与人交往的清淡。清淡是为了降噪去杂。我希望保持一种活着的纯粹，由内而外的，不被杂质消损内心的平衡。我开始习惯于一种苦行僧般的生活，为的是精神上的乐行。只有精神上的盈悦才是真实持久的，其余皆空。

所以，清淡足矣。

人都是"两栖"动物

2012 年的新年夜，在我鼓动下，我们几个朋友开车去康州看 Coldplay（英国酷玩乐队）现场演出。那天雪特别大，根本看不清前路，车轮在积雪里踉踉跄跄向前磨行，几乎是冒着生命危险去看一场演唱会。不过，看完 Coldplay 现场，觉得真是太值了！

我很少听摇滚，年少时流行的崔健、Beyond、Linkin Park（林肯公园）……从未击中过我，但 Coldplay 不一样，彻彻底底杀死了我。Coldplay 的歌不少是渐进式的，比如我最爱的《viva la vida》，前奏一开始，随着鼓声击打，就像军队正步前行，音乐渐进渐强，所有人跟着一起哼唱，内心都在等一个高潮……等 Chris Martin（克里斯·马汀，英国酷玩乐队主唱）向着人群喊道"let's go"的那一刻，就像军队全面开炮似的，全场鼎沸，灯光炫目，上千人一起挥动双臂，齐声唱"哦哦哦……哦哦……" 那一刻，所有人都迷醉在音乐、灯光甚至酒精合力造就的场里，鸡皮疙瘩全起，肾上腺素涌动。

　　其实，我大部分时间都喜欢听安静柔缓的音乐，还去新泽布什尔州看过 Celtic Woman（凯尔特女人乐队）的演唱会，结果全场观众都是新英格兰慈祥的美国白人老头老太，这有可能才是我主体内心的写照。

　　不过，人都是"两栖"动物，表面内敛的人往往有最狂野的内心。很多人都意识到自己个性的多面，跟熟人与生人相处的面貌与模式截然不同。事实上，没有人只有一副面貌，人都是多层次的，与人的相处——根据对方的不同——会呈现出或浅或深、或假或真的底色。人的"两栖"也是因为人自己都会厌倦自己的一成不变。我每隔一段就想要摆脱自己貌似文静的样子。我会去听 Coldplay，去看 Blue Man（《蓝人秀》），看战争大片，听音乐要把音量开到最大，全身心热爱电闪雷鸣的暴雨……

　　想来，内心孤独的人依旧希望与世界的宏大发生共振，无论是千人摇滚，战争大片的撕裂，音乐的律动，大自然的呐喊……都是微渺与宽宏的连接，会给人瞬时的能量充电。所以，不要设定人的不变。每个沉稳背后都有野性，每个正经背后都有放肆，每个乐观背后都有悲恸。

　　每个人都会有让人意外的"两栖"。

忆对我影响至深的老板

我曾遇到过一个对我影响很深的老板，到今天还时常想到他。很多时候，人与人的初见便决定了之后的际遇。人跟人的缘分，简单得可怕，也复杂得可畏。我接受这位老板的第一次面试便打开了一扇际遇之门，与其说是面试我，不如说是他跟我分享人生过往。

很多人的人生都是从茫然一片开始，在各种试错中逐渐了解、找到自己，最后明确一条窄路。然而，他跟普通人的试错之路有着截然不同的风景。

他大学学声乐，毕业后去好莱坞当了演员，因为个子瘦高、皮肤皙白，老演变态杀手之类的角色，跑了两年龙套，觉得人生不能这样下去了，跑去邮轮上唱歌……唱了三年歌，觉得人生不能这样下去了，跑去纽约一家杂志当编辑……编了三年，又觉得人生不能这样下去了，跑去杜克读了MBA……

再之后，去了麦肯锡工作，飞快升职，然后，被猎头挖来了金融业。乍一看，他每一份工作与工作之间差别巨大，但其实，人的每一个阶段都是过去种种之叠加，人的经历与表现从来不是割裂的。

比如，从某种意义上说，工作就是演戏，每一份工作都有自带的剧本，我们要做的就是全身代入角色，在该我们出场的时候，给出完美的表演；在该我们隐退的时候，低头做事。

记得有一次他跟我两人要给所有高管做一个项目的结案汇报，我以为做好 PPT 就完事了，结果，远不止如此。他把几张重要的调研图表与结论打成了精美的海报，在会议室放了一圈，让高管一进门，就像逛美术馆一样，对项目结果有初步了解，带着问题与思考听我们的 PPT 陈述。他对 PPT 的要求极高，每一页的故事线、每一张图表的数据源、每一页的字体与字号、每一条线的粗细长短……都必须符合他当过编辑的放大镜般的审视。

这还不够，为了加深高管们对结论重点的印象，我们又头脑风暴了怎么设置噱头。我建议去定制一堆"幸运饼干（fortune cookie）"，美国的幸运饼干里有签语纸，我们可以把访谈中有洞见的句子放进饼干。没想到老板很喜欢这个"馊主意"，我们立马订了一堆装着特制签语的幸运饼干，放在会议桌上，给高管们意外的惊喜……有了这样的精心准备，

毫无疑问，我们的项目汇报极其成功。后来跟着他做了几个
项目，发现无论项目大小、重要不重要，他总能竭尽全力做
出最好的呈现，每一次都让我感觉跟着他又演了一场戏。后来，
他索性鼓动我去上个表演课，他一直觉得表演与演说能力是
领导力的必备能力之一。

可能因为当过演员，他对人的解读，非同一般，情商
与人缘极好，总能从细枝末节里洞察到人的真相，甚至能
推衍出他人的发展方向。对人才他从不吝惜称赞奖励，而对
能力欠缺的人，也从不宽容。工作之余，他会邀请我去他家
Party，认识他的家人，跟他探讨厨艺，还会跟我分析美国各
名校生在行为个性上的共性与差异……

和他共事虽然才一年多，却是我成长最快、也倍感愉悦
的职场时光。后来，因为家庭原因，他回了纽约，去了一家
资产管理公司。现在回想起来，他当时并不把下属当成完成
工作的工具，他更多时候像个导师，愿意给人指路，分享心得，
教育我如何在一个大企业导航，虽然我很快就因事务冗碎失
去了在大公司工作的兴趣。遇到一个真心相待的老板并不容
易，话说回来，人生中交到知己爱人，都是很难的事。

我们遇见、擦肩一些人，这些人中大部分对我们毫无影响，
而有那么几个，在遇见之后让我们成为更好的人，这些人就
值得被记住，值得被感激。

不一样的美国老人

五年前，住在剑桥一栋老宅，房东是位 78 岁的老人，叫 Jack，住楼下。Jack 是位不修边幅的摄影师，拍片教书，胡子拉碴。他的房子跟他的人一样，缺乏打理。他离婚不久，一人独居。

有年情人节，在门口遇见他，他穿着黑皮衣，头戴牛仔帽，手拿玫瑰，神采奕奕又略带害羞地告诉我，I have a date tonight（我今晚有约会）。也有夜深人静、睡得迷迷糊糊时，听到楼下的他哭得悲恸，不能自已。更多时候，会看到他和他的学生在小院里闲聊、摆弄器材。

可能过去接触的长者不多，我对老人的刻板印象停留在挂着拐杖、缺乏活力的样貌，所以，遇到 Jack，尤其是感受到他那依旧丰富的情感，看见他约会前像个小男孩般局促与紧张，会有一种意外的亲切感。

老而不自绝于情长，也需要种勇气。

四年前搬了家，周末会去附近的 Peet's coffee（咖啡店名，国内译作"皮爷咖啡"）喝咖啡。咖啡师是个很精神的老人，70 多的样子，光头，戴浅色细框眼镜，身板挺拔，穿皮革咖色围裙，不苟言笑，斯斯文文摆弄各种仪器，全然沉浸在咖啡的工艺里。

有他在，这街口小店总免不了一丝文艺工匠气。就如偶尔会出现在纽约 Carlyle(卡莱尔)餐厅的 Woody Allen(伍迪·艾伦，美国导演、演员、爵士乐演奏家)，旁若无人吹着单簧管，让食物都成了配角。

老而有一爱好坚守，也是种幸福。

很多时候，我们的"变老"其实是在依照他人的预想"变老"，让自己绝缘于尝试、钻研，让自己趋近守旧、无聊……

而情感的张力与求索的活力仍是在的，那些在精神上对抗衰沉的老人，比受制于荷尔蒙而勃发的年轻人，往往更展现出一种厚实的生命力和独特的魅力。

故事提供价值

有次看了一部 BBC 的纪录片——《世界上最昂贵的食物》，里面描述的食物包括鱼子酱、猫屎咖啡、一瓶酿自1811 年的酒、私人飞机上的特供品……

当你仔细观看每家昂贵食品提供商的推销时，你会发现走的都是相似的"套路"。私人飞机上供应的牛奶甚至要注明来自哪里的母牛，母牛的编号与名字是什么。

供应鱼子酱的老板娘每次让顾客品尝时，都会从罐子里挖一勺，放在顾客手背拇指与食指间的扇形区，让顾客舔食而品。而在顾客品味时，老板娘便开始介绍该鱼子酱品牌的产地，为什么极其稀有，味道与众不同在哪……

猫屎咖啡商用两个保险箱装着产品去顾客家，进屋后，小心翼翼打开密码锁，拿出咖啡豆与咖啡机，加入矿泉水，烹煮上一小杯咖啡，边煮边给顾客介绍咖啡豆背后的故事——野生麝香猫爱吃新鲜的咖啡豆，咖啡豆在其体内经过发酵与消化，排泄出来，经过这样的天然程序，咖啡豆本身的酸涩味会去除，味道更浓厚，这种天然咖啡豆数量稀少……咖啡煮完，倒入一小茶杯，恭恭敬敬端给顾客，等候着她的赏鉴。而这一小杯咖啡要价好几百英镑。

酒庄老板戴着手套，把 1811 年的酒瓶送到顾客的桌子上，然后，他把 1811 年的历史大事一一讲述给顾客……来自俄罗斯的年轻富豪听得津津有味，讲完了，老板把酒瓶里的最后一小口酒倒入杯中，对富豪说："来，让我们见证这一刻，由您来把这瓶酒的历史终结。"能看得出来这句话一下子打动了年轻人，"喝酒"仿佛成了具有历史感的仪式，这一小杯的价格是五千英镑。

你看，这些价格不菲的食品在卖的不仅是实物本身，还有背后的故事，以及仪式。甚至故事比物品本身更重要。

无论物品多稀有，它本身的味道很难支撑得起千倍于普通产品的价格，事实上，我注意到片子里的多数顾客在品尝过后并无惊叹不绝的表情。支撑起价格的是背后的故事，就像那位花了五千英镑喝完一小口酒的年轻富豪，他喝的是历史感，是百年前的磅礴。

  "故事性"几乎是所有奢侈品的必备元素，物品本身的质地不足以支撑其价格，"故事性"便为价值的放大增添了理由。人都热爱故事，故事赋予了由物衍生出的幻想与期待。所以，无论卖什么，不如先设计一个精巧的故事和仪式，让物品生动起来。